（2018年版）

国家电网有限公司
配电网百佳工程

国家电网有限公司运维检修部 编

中国电力出版社
CHINA ELECTRIC POWER PRESS

内 容 提 要

为提升配电网工程建设质量与管理水平，国家电网有限公司评选了 100 项配电网百佳工程，作为配电网建设的示范和标杆。为充分发挥配电网百佳工程的示范引领作用，国家电网有限公司运维检修部编写了《国家电网有限公司配电网百佳工程（2018 年版）》。

本书分为工艺展示、经验交流及展望提升三篇。工艺展示篇收录了 34 个优秀获奖工程，图文并茂地呈现其项目概况、管理情况及亮点，质量及工艺展示；经验交流篇分享了 11 家省（自治区、直辖市）电力公司的优秀工程建设及管理经验；展望提升篇介绍了将大力推广应用的新技术、新设备和新材料。

本书可供各级供电企业配电网工程建设和管理人员参考学习。

图书在版编目（CIP）数据

国家电网有限公司配电网百佳工程：2018 年版/国家电网有限公司运维检修部编. —北京：中国电力出版社，2018.8（2018.9 重印）

ISBN 978-7-5198-1917-0

Ⅰ. ①国…　Ⅱ. ①国…　Ⅲ. ①配电系统－电力工程－图集　Ⅳ. ①TM727-64

中国版本图书馆 CIP 数据核字（2018）第 069001 号

出版发行：中国电力出版社
地　　址：北京市东城区北京站西街 19 号（邮政编码 100005）
网　　址：http://www.cepp.sgcc.com.cn
责任编辑：肖　敏（010-63412363）
责任校对：黄　蓓　太兴华
装帧设计：郝晓燕
责任印制：邹树群

印　　刷：北京博海升彩色印刷有限公司
版　　次：2018 年 9 月第二版
印　　次：2018 年 9 月北京第二次印刷
开　　本：787 毫米×1092 毫米　16 开本
印　　张：8.5
字　　数：163 千字
印　　数：5001—10000 册
定　　价：85.00 元

编　委　会

编　写　组

前言
PREFACE

　　国家电网有限公司深入践行习近平总书记以人民为中心的发展思想，落实李克强总理关于农村电网改造升级工程的重要批示，积极履行经济责任、政治责任和社会责任，30 多万员工连续奋战 18 个月，提前 3 个月完成 2016～2017 年新一轮农村电网改造升级"两年攻坚战"，完成 153.5 万眼农田机井新通电及改造，6.6 万个小城镇（中心村）电网改造升级，7.8 万个自然村新通动力电及改造。累计完成投资 1423.6 亿元，新建及改造输配电线路 89.7 万千米、变电站 552 座、配电变压器 45.1 万台，改造户表 1431.4 万户。国家电网有限公司经营区域内实现平原地区机井供电全覆盖，全面完成中心村电网改造升级，实现村村通动力电，农村居民生活用电得到较好保障，农村生产用电问题基本解决，保障农村经济社会发展，为全面建成小康社会夯实基础。

　　农网改造升级以及城镇配电网建设工作中，国家电网有限公司积极推广应用输变电工程"三通一标"（通用设计、通用设备、通用造价和标准工艺），制定机井通电变压器台、架空线路、电缆线路和计量表箱 4 类模块化典型设计，按照农业、工业、商业、旅游主导型和综合型村镇制定 5 种小城镇（中心村）电网改造升级典型模式，配电网标准物料种类由 2015 年的 525 种优化为 2017 年的 361 种，精简 31%。大力推行"工厂化预制、成套化配送、装配化施工、机械化作业"，在 27 家省（自治区、直辖市）电力公司建成配电网工厂化预制车间 625 个，新建工程应用率 80%，有效保证工艺质量，提高建设效率。为进一步深入落实配电网标准化建设成果，发扬精益求精的"工匠精神"，以点带面提升配电网工程建设质量与管理水平，国家电网有限公司按照优中选优的原则，评选了 100 项配电网百佳工程（其中 10kV 线路工程 30 个、配电站房工程 15 个、配电变台工程 55 个），作为配电网建设的示范和标杆。

　　为充分发挥配电网百佳工程的示范引领作用，国家电网有限公司运维检修部编写了《国家电网有限公司配电网百佳工程（2018 年版）》，本书分为工艺展示、经验交流及展望提升三篇。工艺展示篇收录了 34 个优秀获奖工程，图文并茂地呈现其项目概况，管理情况及亮点，质量及工艺展示；经验交流篇分享了 11 家省（自治区、直辖市）电力公司的优秀工程建设及管理经验；展望提升篇介绍了将大力推广应用的新技术、新设备和新材料。供各级供电企业配电网工程建设和管理人员参考学习，不断提高配电网工程建设管理水平。

由于时间仓促，书中难免有疏漏之处，望广大读者提出宝贵意见。

国家电网有限公司运维检修部

2018 年 7 月

目录
CONTENTS

前言

第一篇

工艺展示篇

遵循"统一规划、统一标准、安全可靠、坚固耐用"的原则，深入落实配电网标准化建设成果，充分发挥"配电网百佳工程"的典型示范作用，强化质量创优意识，建立健全常态工作机制，将优质工程创建工作融入工程建设和管理全过程，不断提高配电网工程建设质量和管理水平。

1　山西晋中市太谷县胡村 8 号台区新建工程

一、项目概况

全貌图

1. 规模及造价

新建配电台区 1 个，S13-200kVA 配电变压器 1 台，综合配电箱 1 台；新建 10kV 架空线路 0.55km，采用 JKLGYJ-10-95/15mm² 绝缘导线；新建 0.4kV 架空线路 1.67km，采用 JKLYJ-1-120mm² 绝缘导线。决算投资 39.59 万元。

2. 建设工期

开工日期：2016 年 9 月 5 日。竣工日期：2016 年 9 月 12 日。施工周期：8 天。

3. 参建和责任单位

建设单位：国网山西省电力公司太谷县供电公司。

设计单位：山西晋通诚信电力设计咨询有限公司。

施工单位：山西普华力拓电力工程有限公司。

监理单位：山西锦通工程项目管理咨询有限公司。

二、管理情况及亮点

精心安排，精细管控，规范 12 项管理流程，对工程建设进行全过程管理，创建"配电网工程管理微信群"，实时控进度、评亮点、说问题，有效提高配电网工程建管效率。强化培训，提升能力，组织 5 期、150 余人次集中培训，印发《2016 版典型设计施工工艺规范图册》，做到人手一册。示范引领，标杆先行，提前打造样板工程，组织参建人员观摩学习，确保人人懂规范、村村有标杆。

三、质量、工艺展示

变台选址合理，工艺规范

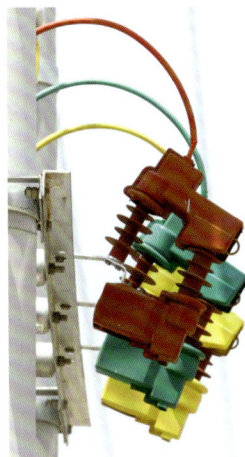

熔断器安装角度符合要求，绝缘防护完整

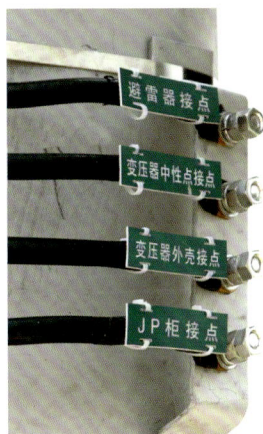

四点接地标识清楚、醒目，排列整齐

计量箱安装工整、进出线排列整齐，警示标识齐全

采用预制式防撞墩，警示标识醒目

2 山西临汾市襄汾县南刘村 B6 台区改造工程

一、项目概况

全貌图

1. 规模及造价

改造配电台区 1 个，S13-400kVA 配电变压器 1 台，综合配电箱 1 台；改造 10kV 线路 0.45km，采用 JKLGYJ-10-95/15mm^2 绝缘导线；改造 0.4kV 线路 0.7km，采用 JKLYJ-10-120mm^2 绝缘导线。决算投资：27.57 万元。

2. 建设工期

开工日期：2016 年 8 月 12 日。竣工日期：2016 年 8 月 19 日。施工周期：8 天。

3. 参建和责任单位

建设单位：国网山西省电力公司临汾供电公司。

设计单位：临汾临能电力工程勘察设计有限公司。

施工单位：临汾汾能电力科技试验有限公司。

监理单位：山西锦通工程项目管理咨询有限公司。

二、管理情况及亮点

严格工程全过程管理，落实创优规划及实施细则，抓细队伍培训，抓严工程质量与进度，全面做好工程管控。在工程建设应用"四化工作法"（工厂化预制、工序化施工、军事化管理、集团化作业），大幅缩短了施工时间，提高了建设效率，提升了工艺质量；实施工程资料标准化建设，封装成册，分类存档。

三、质量、工艺展示

配电变台安装规范，工艺美观

接引线弧度一致，整齐自然

低压出线使用双线夹连接，滴水弯有效

工厂化预制材料展示

综合配电箱封堵严密

3 山东菏泽市巨野县董官屯舒王庄台区新建工程

一、项目概况

全貌图

1. 规模及造价

新建配电台区 1 个，S13-200kVA 配电变压器 1 台，综合配电箱 1 台；新建 10kV 架空线路 0.56km，采用 JKLGYJ-10-95/15mm² 绝缘导线；新建 0.4kV 架空线路 1.25km，采用 JKLYJ-1-120mm² 绝缘导线。决算投资 56.8 万元。

2. 建设工期

开工日期：2016 年 7 月 18 日。竣工日期：2016 年 8 月 10 日。施工周期：24 天。

3. 参建和责任单位

建设单位：国网山东省电力公司巨野县供电公司。

设计单位：巨野县电力实业公司。

施工单位：鄄城县润发实业有限公司。

监理单位：山东诚信工程建设监理有限公司。

二、管理情况及亮点

制定"四查四确保"管理办法，在设计、物料、施工、验收环节实现"精、简、同、严"，确保典设做精、物料做简、工艺做同、验收做严。按照"三能三不"原则，突出工厂化预制、成套化配送、装配化施工和机械化作业，克服外部环境对施工的影响，提升配电网建设改造效率和效益。实施流水化作业，制定详细的作业流程卡，建立施工流程微信群，随时沟通协调工程进度和工艺质量。

三、质量、工艺展示

台区架空线路挡距适宜，标识齐全

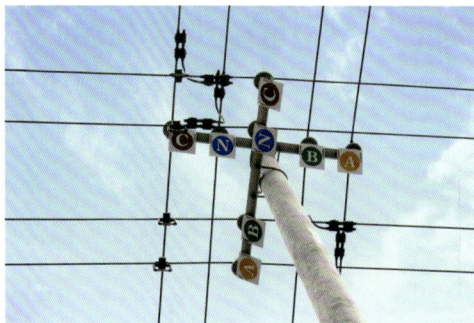

T接引线美观，相序标识齐全

变台各横担间安全距离
满足设计要求

电缆接户引线美观

表后线安装牢固美观

4 山东泰安市肥城市潮泉镇潮泉村四组台区新建工程

一、项目概况

全貌图

1. 规模及造价

新建配电台区 1 个，S13-200kVA 配电变压器 1 台，综合配电箱 1 台；新建 10kV 架空线路 0.05km，采用 JKLGYJ-10-95/15mm² 绝缘导线；新建 0.4kV 架空线路 0.25km，采用 JKLYJ-1-120mm² 绝缘导线。决算投资 21.6 万元。

2. 建设工期

开工日期：2016 年 5 月 10 日。竣工日期：2016 年 5 月 16 日。施工周期：7 天。

3. 参建和责任单位

建设单位：国网山东省电力公司肥城市供电公司。

设计单位：肥城市博科电力有限责任公司。

施工单位：肥城市博科电力有限责任公司。

监理单位：济宁广信电力监理有限公司。

二、管理情况及亮点

以打造"一模一样"的标准工艺为工作目标，坚持业主、施工、监理"三部协管"，落实标准化施工工艺建设。推广施工工艺标准卡登记制度，记录施工过程质量信息，做到追溯可查、奖优罚劣。及时总结经验，编制"一书一卡一册一明白纸"（即施工技术交底明白书、变台施工工艺要点明白卡、工程随身看图册、标识安装明白纸），全面提升工程建设质量。

三、质量、工艺展示

变台布点合理，挡距适宜

变台组装标准，各横担间安全距离满足设计要求

变台接地连接可靠，排列整齐

变台引线弧度美观

低压出线采用地埋电缆，线径满足负荷要求

计量箱安装高度符合规程规定

5 山东淄博市博山区池上镇花林村台区新建工程

一、项目概况

全貌图

1. 规模及造价

新建配电台区 1 个，S13-200kVA 配电变压器 1 台，综合配电箱 1 个；新建 10kV 架空线路 0.5km，采用 JKLGYJ-10-95/15mm^2 绝缘导线；新建 0.4kV 架空线路 0.62km，采用 JKLYJ-1-120mm^2 绝缘导线；新建 0.4kV 电缆线路 3km，采用 YJLV-0.6/1-4×35mm^2 电力电缆。决算投资 29.54 万元。

2. 建设工期

开工日期：2016 年 8 月 10 日。竣工日期：2016 年 8 月 17 日。施工周期：8 天。

3. 参建和责任单位

建设单位：国网山东省电力公司淄博供电公司。

设计单位：淄博齐林电力设计院有限公司。

施工单位：淄博齐林电力工程有限公司。

监理单位：山东诚信工程建设监理有限公司。

二、管理情况及亮点

坚持"三能三不"的工作理念，实施工厂化装配和集约化配送，减少现场施工工作量，提高工作效率。加强施工质量管理，采取"四不两直"的方式对施工现场进行督导检查，保障工艺质量。坚持示范引领，打造示范工程，开展现场施工观摩培训，并借助微信等掌上媒体将示范工程进行展示宣贯，确保建设工艺"一模一样"。

三、质量、工艺展示

变台各横担间安全距离满足设计要求

变台设备安装规范，标识齐全

计量箱及进出线工艺美观

防撞标识醒目

熔断器安装角度符合要求，绝缘防护完整

6 河北沧州市献县
10kV 商邵 5388 线路大南邵配电变压器新增工程

全貌图

一、项目概况

1. 规模及造价

新建配电台区 1 个，S13-200kVA 配电变压器 1 台，综合配电箱 1 台；新建 10kV 架空线路 0.28km，采用 JKLGYJ-10-95/15mm^2 绝缘导线。决算投资 6.52 万元。

2. 建设工期

开工日期：2016 年 8 月 2 日。竣工日期：2016 年 8 月 8 日。施工周期：7 天。

3. 参建和责任单位

建设单位：国网河北省电力有限公司献县供电分公司。

设计单位：沧州同兴电力设计有限公司。

施工单位：献县光大电力实业有限责任公司。

监理单位：河北电力工程监理有限公司。

二、管理情况及亮点

以"严管增质"为中心，通过强化信息化管控、规范标准化工艺为手段，提高配电网工程建设整体水平。依托 PMS2.0 系统工程管控模块，通过微信质量管控群，实时传送工程施工关键节点的数码照片，达到管控信息"一清二楚"的要求。全面应用物资成套化配送，实行工厂化预制、施工现场装配，全面提高施工工艺水平。通过创建标杆示范工程，设立优质工程奖励基金，激励创优积极性，以点带面，全面带动配电网工程建设质量不断提升。

三、质量、工艺展示

熔断器安装规范，引线整齐美观

避雷器安装工整，绝缘防护严密

低压电缆固定整齐，封堵严密

综合配电箱内部接线工整，相序清晰

绝缘子固定整齐，绑扎工整

7 河北邢台市平乡县
10kV 刘庄线 031 路艾村 12 台区新增配电变压器工程

全貌图

一、项目概况

1. 规模及造价

新建配电台区 1 个，S13-100kVA 配电变压器 1 台，综合配电箱 1 台；新建 10kV 架空线路 0.12km，采用 JKLGYJ-10-95/ 15mm^2 绝缘导线。决算投资 6.87 万元。

2. 建设工期

开工日期：2016 年 11 月 2 日。竣工日期：2016 年 11 月 3 日。施工周期：2 天。

3. 参建和责任单位

建设单位：国网河北省电力有限公司平乡县供电分公司。

设计单位：邢台电力勘测设计院有限责任公司。

施工单位：邢台兴力集团有限公司。

监理单位：河北兴源工程建设监理有限公司。

二、管理情况及亮点

配电网工程建设中以"标准先行，典型引路"为主线，提高配电网工程整体建设质量。制定施工现场管理勘察制度，明确施工现场安全管控重点和标准化流程，有效提高工程的施工管理水平。以供电所为单位，建设样板工程，以此为模板全面开展标准化、规范化建设，提升整体施工质量水平。工艺质量"三精三化"，按照"精组织、精工艺、精管控""设备预装化、培训统一化、细节规范化"的要求，全面加强工艺细节管控。

三、质量、工艺展示

变台引线工艺美观，绝缘防护齐全

变台接地扁钢安装规范

熔断器安装角度符合规定，绝缘防护完整

变台标识齐全

绝缘子绑扎工整，工艺美观

8　安徽滁州市滁州城郊电能替代示范 10kV 曲亭 175 线曲亭街道 1#台区新建工程

一、项目概况

全貌图

1. 规模及造价

新建、改造配电台区各 1 个，S13-400kVA 和 S11-400kVA 配电变压器各 1 台，综合配电箱 2 台；新建 10kV 架空线路 0.58km，采用 JKLYJ-10-150mm² 绝缘导线；新建 0.4kV 架空线路 2.97km，采用 JKLYJ-1-150mm² 绝缘导线；户表改造 220 户。决算投资 68.25 万元。

2. 建设工期

开工日期：2016 年 7 月 30 日。竣工日期：2016 年 8 月 31 日。施工周期：32 天。

3. 参建和责任单位

建设单位：国网安徽省电力有限公司滁州市城郊供电公司。

设计单位：滁州市智宏工程咨询有限责任公司。

施工单位：滁州市强力电力设备安装有限公司。

监理单位：安徽电力工程监理有限公司。

二、管理情况及亮点

把提高施工工艺作为提升工程质量的切入点，突出机制建设，实现工程全过程管控。推行"分级责任制"，引入"项目经理制"，严格配电网工程施工队伍考核管理。编制现场作业口袋书发放到每位施工人员，增强现场安全意识，提升施工技能水平。采用工厂化预制装置施工，台区引线安装平均减少 70 分钟，提升了工作效率。在多个蔬菜水果种植基地试点建设电气化大棚，助力当地种植户降低了生产成本，提高了作物产量。

三、质量、工艺展示

台区标识牌齐全、规范，与环境融为一体

熔断器引线美观、弧度适宜

T接引线美观，相序标识齐全

计量箱进出线穿管防护，箱体高度符合要求

接地扁钢焊接和防腐处理满足规程要求

9 安徽淮南市谢桥地区
扶贫攻坚中心村配套 10kV 万店 06 线李庄台区改造工程

全貌图

一、项目概况

1. 规模及造价

新建、改造配电台区各 1 个，S13-400kVA 和 S11-200kVA 配电变压器各 1 台，综合配电箱 2 台；改造 10kV 架空线路 0.61km，采用 JKLGYJ-10-95/15mm² 绝缘导线；新建、改造 0.4kV 架空线路 2.05km，采用 JKLYJ-1-120mm² 绝缘导线。决算投资 70.7 万元。

2. 建设工期

开工日期：2016 年 10 月 8 日。竣工日期：2016 年 10 月 27 日。施工周期：20 天。

3. 参建和责任单位

建设单位：国网安徽省电力有限公司阜阳市谢桥供电公司。

设计单位：淮南电力规划设计院有限公司。

施工单位：安徽省颍上县金利源电力安装有限公司。

监理单位：安徽省电力工程监理有限公司。

二、管理情况及亮点

建立"一图一表一平台"项目质量管控体系，实行公司月度调度会、三个项目部周点评通报会及专项办日例会管控机制，点、线、面相结合加强项目全过程管控。推广不停电作业，提高供电可靠性，减少投诉。推广配电变压器、计量箱、用户终端三级剩余电流动作保护器，低压综合配电箱内部母排采用全绝缘处理。有效提升安全操作水平。

三、质量、工艺展示

熔断器、避雷器安装牢固，引线弧度适宜

电缆固定点加装绝缘防护

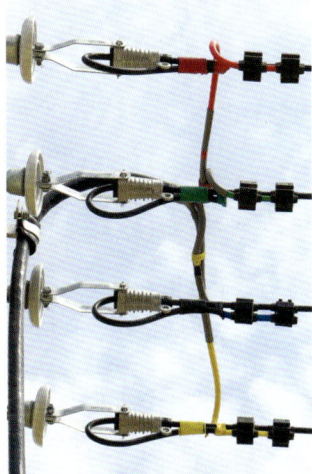

低压架空线路尾线分色绑扎，清晰可辨

低压线路沿墙敷设，挡距合理，相序清楚

计量箱进、出线穿管防护，标识清楚

接户线电缆固定规范，防撞标识醒目

10　江苏淮安市洪泽区
10kV 二圩 122 线头圩七组南 12201050 综合变新建工程

一、项目概况

全貌图

1．规模及造价

新建配电台区 1 个，S13-200kVA 配电变压器 1 台，综合配电箱 1 台；新建 10kV 架空线路 0.04km，采用 JKLGYJ-10-95/15mm² 绝缘导线。决算投资 8.34 万元。

2．建设工期

开工日期：2016 年 9 月 11 日。竣工日期：2016 年 9 月 13 日。施工周期：3 天。

3．参建和责任单位

建设单位：国网江苏省电力有限公司淮安市洪泽区供电分公司。

设计单位：江苏龙图兆润工程设计有限公司。

施工单位：江苏盱能集团有限公司。

监理单位：南京苏亚工程监理有限责任公司。

二、管理情况及亮点

遴选国家电网公司典型设计方案，采用标准化物料，确保典设和标准化物料执行到位。落实图纸会审和施工现场技术交底制度，对施工单位开展施工工艺宣贯培训。组织项目、设计、监理、运行单位开展施工现场质量督察，实行"三级质量验收"，严控施工质量。落实现场安全防护措施，确保质量管控和安全生产双提升。

三、质量、工艺展示

变台接地连接可靠，排列整齐

熔断器安装规范，引线弧度自然

低压进出线电缆固定规范，相序清楚

综合配电箱内部接线工整，标识齐全

11 福建三明市宁化县
35kV 中沙变 10kV 河龙线 954 线路战场变台区新建工程

全貌图

设计单位：三明亿源电力勘察设计有限公司。

施工单位：福建江隆水利水电工程有限公司。

监理单位：三明亿源电力勘察设计有限公司。

一、项目概况

1. 规模及造价

新建、改造配电台区各 1 个，S11-200kVA 和 S13-200kVA 配电变压器各 1 台，综合配电箱 2 台；新建 10kV 架空线路 0.05km，采用 JKLYJ-10-50mm^2 绝缘导线；新建 0.4kV 架空线路 6.36km，采用 JKLYJ-1-95mm^2 绝缘导线。决算投资 55.28 万元。

2. 建设工期

开工日期：2016 年 8 月 23 日。竣工日期：2016 年 11 月 13 日。施工周期：83 天。

3. 参建和责任单位

建设单位：国网福建省电力有限公司宁化县供电有限公司。

二、管理情况及亮点

坚持"事前指导，事中控制"原则，强化施工前期标准工艺培训，配发标准工艺纠错"口袋书"，推行施工看板管理，落实重点工序旁站监理制，确保建设工艺"一模一样"。变台成套化采购，引线工厂化预制，设备相序、标识规范，电缆、引线色标清晰，引线弧度一致，防撞标识等警示标识整齐美观、安全实用。接户线安装规范，零线采用有色瓷瓶固定，计量箱进出线穿管防护、信息齐全。

三、质量、工艺展示

台区低压线路挡距适宜，通道内无树障

低压耐张引线弧度一致，美观大方

台区接地连接可靠，排列整齐

计量箱安装规范，信息齐全

12　河南开封市开封县万隆乡中岗村井井通电新建工程

一、项目概况

全貌图

1．规模及造价

新建配电台区 1 个，S11-100kVA 配电变压器 1 台，综合配电箱 1 台；新建 10kV 架空线路 0.15km，采用 JKLYJ-10-70mm^2 绝缘导线；新建 0.4kV 电缆线路 4.66km，采用 YJLV$_{22}$-0.6/1-4×16mm^2 低压电力电缆；受益机井 12 眼。决算投资 26.56 万元。

2．建设工期

开工日期：2016 年 10 月 22 日。竣工日期：2016 年 11 月 5 日，施工周期：14 天。

3．参建和责任单位

建设单位：国网河南省电力公司开封市祥符区供电公司。

设计单位：开封光利电力设计有限公司。

施工单位：开封市鑫明发展有限责任公司。

监理单位：河南新恒丰建设监理有限公司。

二、管理情况及亮点

积极应用"预装车间"等提升施工工艺的新方法、新技术，建设侧装变台"预装车间"，减少导线消耗 10%，缩短施工时间 45%，充分保障工程早日投运，发挥效益。采用不停电作业，加快施工建设，提升供电优质服务水平。机井通电台区采用集中式计量，实现一井一线、一卡多表、一表多卡，费控终端就近集中安装和集中刷卡。

三、质量、工艺展示

低压出线穿管防护，变台标识齐全

熔断器安装角度符合规程要求

低压出线绝缘防护安装工整，工艺美观

机井通电集中式计量箱安装规范

机井配电箱安装牢固，标识齐全

13 河南濮阳市濮阳县庆祖镇东辛庄井井通电工程

全貌图

一、项目概况

1．规模及造价

新建配电台区 1 个，S11-100kVA 配电变压器 1 台，综合配电箱 1 台；新建 10kV 架空线路 0.09km，采用 JKLYJ-10-70mm^2 绝缘导线；新建 0.4kV 电缆线路 2.08km，采用 YJLV22-0.6/1-4× 25mm^2 低压电力电缆。决算投资 21.95 万元。

2．建设工期

开工日期：2016 年 11 月 20 日。竣工日期：2016 年 11 月 27 日。施工周期：8 天。

3．参建和责任单位

建设单位：国网河南省电力公司濮阳县供电公司。

设计单位：濮阳龙源电力设计有限公司。

施工单位：濮阳县光明电力发展有限公司。

监理单位：山东诚信工程建设监理有限公司。

二、管理情况及亮点

明确导线剪切、接地扁钢制作等工厂化预装产品工艺标准，严把材料出厂质量关。印发标准工艺口袋书、质量控制卡等易携带的施工参考资料，加强现场施工质量管控。遵循样板开路，示范引领的质量提升思路，评选样板工程，营造创先争优的建设氛围。坚持日通报、周点评、月考核质量管控机制，对施工工艺差的单位纳入"黑名单"，确保工程质量全面提升。

三、质量、工艺展示

应用工厂化预装产品，接线工艺美观、整齐

低压电缆出线采用穿管敷设，整齐规范

出线使用胶垫封堵，严密有效

低压电缆采用铺砂盖砖方式，并敷设警示带

引线分相色绑扎，整齐美观

14　江西赣州市信丰县虎岗台区新建工程

一、项目概况

全貌图

1．规模及造价

新建配电台区 1 个，SBH15- 200kVA 配电变压器 1 台，综合配电箱 1 台；新建 10kV 架空线路 0.1km，采用 JKLYJ-10-70mm^2 绝缘导线；新建 0.4kV 架空线路 0.15 km，采用 JKLYJ-1-70 mm^2 绝缘导线；安装计量表 76 只。决算投资 25.13 万元。

2．建设工期

开工日期：2016 年 5 月 18 日。竣工日期：2016 年 7 月 6 日。施工周期：49 天。

3．参建和责任单位

建设单位：国网江西省电力公司信丰县供电分公司。

设计单位：赣州智源电力勘测设计有限公司。

施工单位：江西鹏润电力建设有限公司天源分公司。

监理单位：江西诚达工程咨询监理有限公司。

二、管理情况及亮点

工程前期积极推广运用"三通一标"，严格按国网典设要求设计出图，统一设备型号、统一材料规格、统一施工标准、统一验收标准。工程建设时狠抓安全、严格管理、强调工艺。竣工验收多方参与，共把质量关，确保配电台区"零缺陷"投运。

三、质量、工艺展示

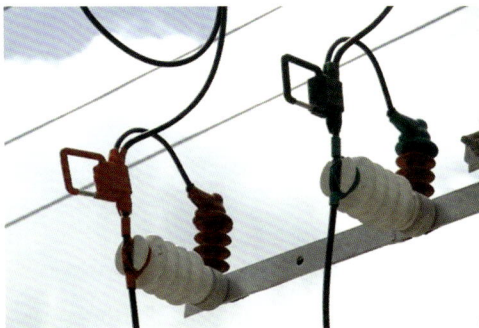

避雷器安装规范，接线工整

变台接地连接可靠，排列整齐

计量箱进出线穿管敷设，提高安全防护能力

低压线路采用沿墙敷设，安装工整，挡距合理

15　四川眉山市东坡
10kV 尚义镇黄庙村改造工程（黄庙 12 组台区）

一、项目概况

全貌图

1．规模及造价

新建配电台区 1 个，S13-200kVA 配电变压器 1 台，综合配电箱 1 台；新建 10kV 架空线路 0.08km，采用 LGJ-70/10 钢芯铝绞线；新建 0.4kV 架空线路 0.52km，采用 LGJ-120/20 钢芯铝绞线；新建 0.22kV 架空线路 1.2km，采用 LGJ-70/10 钢芯铝绞线。决算投资 29.52 万元。

2．建设工期

开工日期：2016 年 10 月 10 日。竣工日期：2016 年 11 月 8 日。施工周期：29 天。

3．参建和责任单位

建设单位：国网四川省电力有限公司眉山供电公司。

设计单位：乐山城电电力工程设计有限公司。

施工单位：眉山市三新供电服务有限公司。

监理单位：四川电力工程建设监理有限责任公司。

二、管理情况及亮点

应用配电网需求编制辅助支持系统，确保项目建设投资更加精准。低压负荷采用相色管理，便于实时负荷调整。10kV 线路安装故障寻址器，迅速锁定和排查故障。台区加装剩余电流总保护在线监测终端，实时监测总保护运行情况和远程"四遥"。应用"简易拉线铁丝绑扎器"等技术创新成果，操作更便捷，提升工作效率。

三、质量、工艺展示

低压架空线路挡距适宜

低压线路安装相序牌

配电变压器高低压桩头绝缘防护完备

变台横担安装规范，标识齐全

计量装置标识齐全

16　辽宁沈阳市沈北新区兴隆台镇中心台村中盘线 0.4kV 中心台 A 台区中心村改造工程

全貌图

一、项目概况

1. 规模及造价

新建配电台区 1 个，S13-200kVA 配电变压器 1 台，综合配电箱 1 台；新建 10kV 架空线路 0.24km，采用 JKLGYJ-10-95/15mm^2 绝缘导线；新建 0.4kV 架空线路 0.24km，采用 JKLYJ-1-120mm^2 绝缘导线，计量表改造 68 只。决算投资 47.33 万元。

2. 建设工期

开工日期：2016 年 11 月 28 日。竣工日期：2016 年 12 月 20 日。施工周期：23 天。

3. 参建和责任单位

建设单位：国网辽宁省电力有限公司沈阳市沈北新区供电公司。

设计单位：辽宁东贝尔电力设计有限公司。

施工单位：沈阳市新城子农电局电气安装工程处。

监理单位：沈阳电力建设监理有限公司。

二、管理情况及亮点

抓组织，强体系，实施"一把手"工程，构建"综合统筹协调+专业分工负责"的管理模式。抓质量，强工艺，实施"一面旗"引领，通过为施工人员编印国网典设"口袋书"，做到"人人手握一把尺，道道工艺用尺量"，确保建设工艺与典型设计"一模一样"。全面采用"工厂化预制"物料，严把工程质量"三级"验收关，确保工程工艺质量全面提升。

三、质量、工艺展示

10kV 线路隔离开关安装工整，绝缘防护齐全

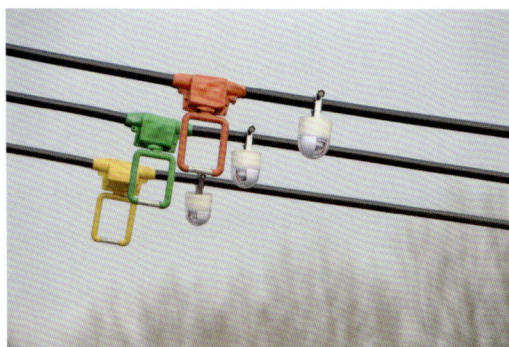

10kV 接地环、故障指示仪安装工艺

规范，相序清晰

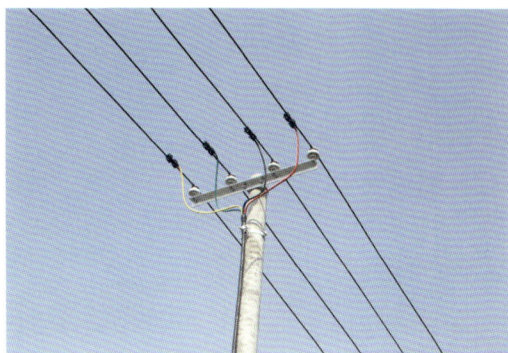

接户引线工艺美观

17 辽宁大连市普兰店区城子坦街道办事处城皮东线 0.4kV 吴西台区改造工程

一、项目概况

全貌图

1. 规模及造价

新建配电台区 1 个，S13-100kVA 配电变压器 1 台，综合配电箱 1 台；新建 10kV 架空线路 0.01km，采用 JKLGYJ-10-95/15mm² 绝缘导线；新建 0.4kV 架空线路 0.92km，采用 JKLYJ-1-120mm² 绝缘导线，计量表改造 43 只。决算投资 18.7 万元。

2. 建设工期

开工日期：2016 年 11 月 9 日。竣工日期：2016 年 11 月 18 日。施工周期：10 天。

3. 参建和责任单位

建设单位：国网辽宁省电力有限公司大连供电公司。

设计单位：大连电力勘察设计院有限公司。

施工单位：大连新城电力建设集团有限公司。

监理单位：大连电安工程建设监理有限公司。

二、管理情况及亮点

从设计阶段树立创优意识，严格执行国家电网公司典设及"四个一"标准，推行规范化、标准化、科学化设计。狠抓施工质量，工程开工前提前建设完成一个优质工程样板台区作为参考，其他台区参照该样板台区施工，做到建设工艺"一模一样"，全部达到优质工程的标准。严把验收关，严格执行三级验收制度，确保每项工程零缺陷投运。采用国家专利产品拉线直锁线夹等新技术、新工艺，有效提升工艺质量，提高工作效率。

三、质量、工艺展示

熔断器加装绝缘护罩，安装角度正确

低压 T 接耐张杆，安装接地挂环，方便运检

低压线路弧垂美观自然

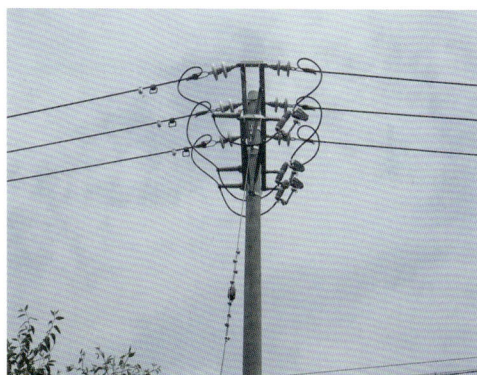

10kV 线路装设熔断器、接地环及故障指示器

安装防鸟风车，防范鸟害

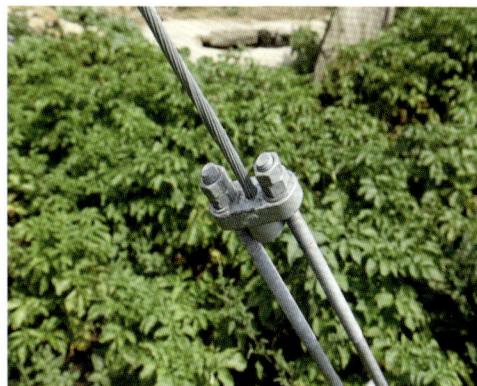

拉线采用新工艺直锁线夹，提高防护能力

18 吉林四平市公主岭市泉眼 6 屯台区改造工程

一、项目概况

全貌图

1. 规模及造价

改造配电台区 1 个，S13-100kVA 配电变压器 1 台，综合配电箱 1 台；改造 0.4kV 架空线路 1.05km，采用 JKLYJ-1-70mm^2 绝缘导线。决算投资 19.5 万元。

2. 建设工期

开工日期：2016 年 8 月 15 日。竣工日期：2016 年 8 月 22 日。施工周期：8 天。

3. 参建和责任单位

建设单位：国网吉林省电力有限公司公主岭市供电公司。

设计单位：四平电力设计院。

施工单位：四平电力设备制造安装有限公司。

监理单位：吉林省吉能电力建设监理有限责任公司。

二、管理情况及亮点

严格执行国网典设要求，应用国网标准物料，保证工程建设质量。编制配电网工程施工工艺手册，推动标准化施工工艺，建立标准化样板台区，以样板台区作参照、图册作标准，全面提高工程质量及工艺标准。工程建设与管理的过程中，同步开展隐蔽工程资料的收集、整理工作，确保隐蔽工程质量达标。

三、质量、工艺展示

变台接线工艺规范，安装简洁，排列整齐

T接引线美观，验电接地环位置正确

变台引线工艺规范有序，绝缘防护齐全

低压线路耐张引线工艺规范，弧度适宜

低压线路弧垂符合要求，相序齐全

19　新疆塔城额敏县库尔特 1 号配电台区工程

一、项目概况

全貌图

1．规模及造价

改造配电台区 1 个，S11-200kVA 配电变压器 1 台，综合配电箱 1 台；新建 10kV 架空线路 0.77km，采用 JKLGYJ-10-150/25mm^2 绝缘导线；新建 0.4kV 架空线路 1.57km，采用 JKLYJ-1-70mm^2 绝缘导线。决算投资 51.46 万元。

2．建设工期

开工日期：2016 年 6 月 20 日。竣工日期：2016 年 7 月 9 日。施工周期：20 天。

3．参建和责任单位

建设单位：国网新疆电力有限公司额敏县供电公司。

设计单位：塔城精益电力建设公司。

施工单位：塔城精益电力建设公司。

质监单位：新疆塔城地区电力工程质量监督站。

二、管理情况及亮点

严格按照国网典设进行设计施工，加强施工工艺、质量及安全施工等环节的监督。跌落式熔断器使用遥控式（太阳能储能），为运维提供方便、安全、可靠保障。使用新材料紧锁连接头和螺栓型钢包带，安装工艺更美观、方便、安全，同时为用户用电提供可靠保证。

三、质量、工艺展示

变台安装规范，并设置安全围栏

引线安装美观，标识齐全

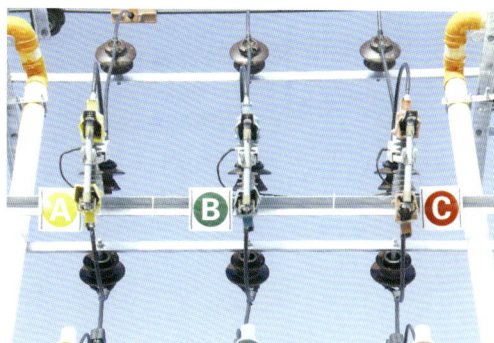

熔断器采用遥控式（太阳能储能），运维
更加方便、安全

低压出线连接可靠美观，相序标识齐全

坚持精益求精，注重内外兼修，积极推广应用新设备、新材料、新工艺，强化配电站房建设工程精益化管理，打造精品配电站房，体现国网卓越品牌形象。

20　江苏扬州市万紫千红名苑配电室新建工程

一、项目概况

全貌图

1. 规模及造价

新建配电室 2 座，其中 3 号配电室安装配电变压器 2×630kVA、10kV 开关柜 16 面、低压开关柜 11 面，#4 配电室安装配电变压器 2×400kVA、10kV 环网柜 8 面、低压开关柜 12 面，低压分支箱 6 台，户内集中组合电表箱 21 只。决算投资 493.49 万元。

2. 建设工期

开工日期：2016 年 3 月 8 日。竣工日期：2016 年 5 月 8 日。施工周期：60 天。

3. 参建和责任单位

建设单位：国网江苏省电力有限公司扬州供电分公司。

设计单位：扬州浩辰设计电力设计有限公司。

施工单位：扬州金陵电气工程有限公司。

监理单位：南京苏亚工程监理有限责任公司。

二、管理情况及亮点

成立工程质量建设小组，坚持安全第一，预防为主，综合治理。实行"三级质量验收"制度，加强对关键节点施工工艺质量的管控，始终把施工安全、质量放在首位。严格按照《配电网施工检修工艺规范》的要求完成现场设备安装与二次线布置，站房位置合理，与周边环境充分融合，一次设备安装整齐、规范，二次线布置横平竖直、标识清晰、样式统一，充分体现了配电站房安装的标准化工艺水平。

三、质量、工艺展示

站房整体建筑符合设计要求，
与周围环境融为一体

变压器安装规范，防护齐全

10kV 开关柜安装规范，标识清晰

低压开关柜安装整齐，排列有序

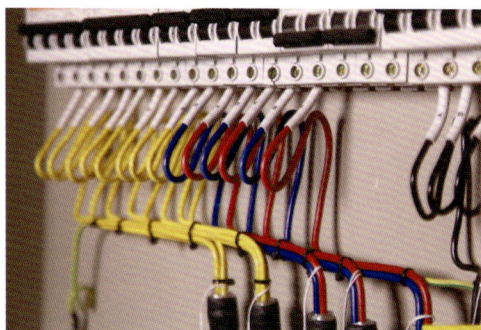

二次线施工工艺规范，"S"弯美观

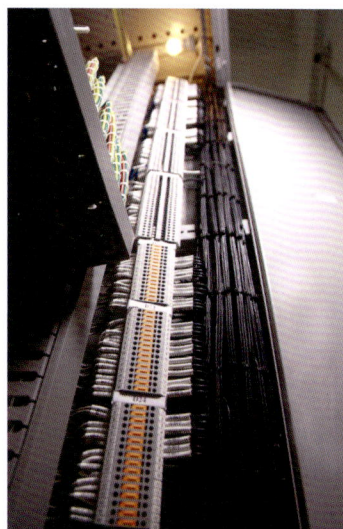

二次电缆敷设工艺美观

21 安徽芜湖市繁昌县
中国特色小镇配套 10kV 孙村镇梅冲桦树台区改造工程

一、项目概况

全貌图

1. 规模及造价

新建配电台区 1 个，S13-630kVA 箱式变电站 1 座；新建 10kV 架空线路 0.535 km，采用 JKLGYJ-10-95/15mm² 绝缘导线；新建 0.4kV 架空线路 3.4km，采用 JKLYJ-1-240mm² 绝缘导线。决算投资 63.71 万元。

2. 建设工期

开工日期：2016 年 7 月 30 日；竣工日期：2016 年 9 月 25 日；施工周期：55 天。

3. 参建和责任单位

建设单位：国网安徽省电力有限公司繁昌县供电公司。

设计单位：合肥志诚工程设计咨询有限公司。

施工单位：繁昌县昌源电力工程有限公司。

监理单位：安徽电力工程监理有限公司。

二、管理情况及亮点

工程实行"盯（进度、质量）、查（安全）、供（物资）、防（投诉）"四字方针。加强前期现场调研，周密制定工程建设方案。工程实施过程中实行工艺质量不定期抽查制度，定期通报考核，下达缺陷通知单，及时整改落实。创新验收和考评方式，将施工单位负责人纳入验收和考评组，第一时间消除发现的问题和不足，提升工程工艺质量。

三、质量、工艺展示

箱式变电站位置选择合理，出线回路满足负荷要求

围栏安装标准，各类警示齐全

电缆敷设规范，封堵良好

低压线路架设工艺美观

计量箱安装规范，信息清晰

22 河南新乡市 10kV 新联学院开关站新建工程

一、项目概况

全貌图

1．规模及造价

新建 10kV 开关站房 1 座，采用四进十二出方案。新建 10kV 电缆线路 12.03km，其中双回进线 2.79km、六回出线 9.24km，采用 YJV$_{22}$-8.7/15-3×400mm² 电力电缆。决算投资 167.39 万元。

2．建设工期

开工日期：2016 年 6 月 20 日。竣工日期：2016 年 8 月 16 日。施工周期：58 天。

3．参建和责任单位

建设单位：国网河南省电力公司新乡供电公司。

设计单位：新乡华源电力集团有限公司。

施工单位：新乡华源电力集团有限公司。

监理单位：河南省立新监理有限公司。

二、管理情况及亮点

施工前，进行施工方案技术交底，确保施工"能控、可控、在控"。全过程严把质量关、物资验收关、施工工艺关、竣工验收关，实现施工质量全过程管控，确保设备零缺陷移交投运。施工过程中，运用自主研发的电缆掰弯器有效避免弯曲过程中电缆绝缘损伤，解决电缆弯度不一致、不回正等缺陷，提高施工工艺质量。运用自主研发的主绝缘倒角器保证工程顺利施工，提高工作效率。

三、质量、工艺展示

设备安装整齐有序，巡视通道标识清晰

10kV 电力电缆终端安装工整，相序清楚

开关柜安装整齐，盘间紧密

电缆沟盖板使用橡胶材质衬垫，增强盖板稳定性

开关站房外墙安全警示齐全，标识安装醒目

23　河北衡水市冀州区 10kV 小垒 542 线路改造工程

一、项目概况

全貌图

1. 规模及造价

新建、改造 10kV 线路 16.84km，采用 JKLGYJ-10-240/30mm^2 绝缘导线；安装柱上开关 6 台。决算投资 289.42 万元。

2. 建设工期

开工日期：2016 年 3 月 10 日。竣工日期：2016 年 3 月 20 日。施工周期：11 天。

3. 参建和责任单位

建设单位：国网河北省电力有限公司衡水市冀州区供电分公司。

设计单位：衡水电力设计有限公司。

施工单位：衡水市力通电力设备安装有限公司。

监理单位：河北电力工程监理有限公司。

二、管理情况及亮点

打造样板工程，以点带面。建设样板工程，组织参建人员观摩学习，严格按照样板工程施工，整体提升工程施工质量。推行作业现场安全管控卡、质量管控卡"双卡"管理制度，从文明施工、技术措施、施工质量、工艺规范等方面全面加强过程控制与监督。建立施工工艺评价体系，对每一个已完工项目根据施工工艺标准逐项打分，达标后方可送电投运。

三、质量、工艺展示

线路弧垂符合要求，工艺美观

柱上开关安装规范，绝缘防护完整

钢管杆标识齐全，完整

绝缘子安装整齐，绑扎工整

安装太阳能式故障指示器和在线监测装置，实现故障快速寻址

24　冀北张家口市宣化区 10kV 524 深青线改造工程

一、项目概况

全貌图

1. 规模及造价

新建 10kV 架空线路 8km，采用 JKLGYJ-10-120/10mm² 绝缘导线；安装柱上开关 4 台，隔离开关 8 组。决算投资 135.52 万元。

2. 建设工期

开工日期：2016 年 6 月 29 日。竣工日期：2016 年 7 月 31 日。施工周期：33 天。

3. 参建和责任单位

建设单位：国网冀北电力有限公司张家口市宣化区供电公司。

设计单位：张家口先行电力设计有限公司。

施工单位：张家口宏垣电力实业总公司。

监理单位：张家口华纬电力建设咨询有限公司。

二、管理情况及亮点

应用物资材料成套化采购、设备接线工厂化预制，细化安装工序，统一施工标准，实现建设工艺"一模一样"。强化过程监控，采用工程管控 APP 手段，实时管控工程安全、质量、进度，全面提升监督效率。发挥业主、监理、施工项目部高效协同的管理职能，落实"三级验收"机制，以"日管控，周检查，月通报"方式，确保典设执行到位。

三、质量、工艺展示

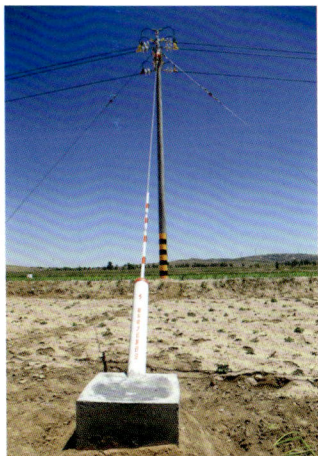

线路防风拉线安装规范，防护齐全

引线工艺美观，弧度自然，绝缘防护严密

绝缘子绑扎固定规范，使用新型驱鸟装置

应用防雷设备，提高线路防雷电破坏能力

线路弧垂符合设计要求，防撞标识齐全美观

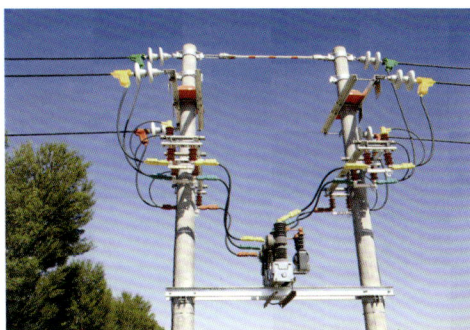

柱上开关位置合理，绝缘防护严密，
引线工艺美观

25 冀北唐山市曹妃甸区
10kV 十一场 511 线路绝缘化改造工程

一、项目概况

全貌图

1. 规模及造价

改造 10kV 线路 2.12km，其中改造 10kV 架空线路 2.08km，采用 JKLGYJ-10-240/30mm² 绝缘导线，改造 10kV 电缆线路 0.04 km，采用 YJV$_{22}$-8.7/15-3×400mm² 电力电缆。决算投资 62.22 万元。

2. 建设工期

开工日期：2016 年 5 月 25 日。竣工日期：2016 年 6 月 29 日。施工周期：36 天。

3. 参建和责任单位

建设单位：国网冀北电力有限公司唐山市曹妃甸区供电公司。

设计单位：唐山电力勘察设计院有限公司。

施工单位：唐山电力建筑安装有限公司。

监理单位：北京华联电力工程监理公司（唐山分部）。

二、管理情况及亮点

按照"一丝不苟、精益求精"的质量理念，全面采用工厂化预制技术，提高施工工艺标准化水平。使用带相色绝缘导线作为连接引线，并加装绝缘护套，实现线路全绝缘化。全过程加强质量管控，在施工中间环节应用"五小创新"成果，通过监测摄像头将现场施工工艺情况回传至手机进行分析，如检测螺栓紧固及开口方向、绝缘串施工工艺等，有效提高了工作效率、降低了安全风险。

三、质量、工艺展示

避雷器安装规范，绝缘防护齐全

隔离开关安装工整，相色醒目，工艺美观

直线杆横担固定可靠，安装规范，绝缘防护严密

电缆安装规范美观，引线整齐有序

柱上开关进出线绝缘防护到位

26 山西长治市平顺县 10kV 井底等支线改造工程

一、项目概况

全貌图

1. 规模及造价

新建、改造 10kV 线路 18.1km，采用 JKLGYJ-10-95/15mm^2 绝缘导线；安装柱上开关 4 台。决算投资 495.68 万元。

2. 建设工期

开工日期：2016 年 9 月 20 日。竣工日期：2016 年 12 月 25 日。施工周期 95 天。

3. 参建和责任单位

建设单位：国网山西省电力公司平顺县供电公司。

设计单位：长治市容海智成电力勘测设计有限公司。

施工单位：长治市容海泰翔电力工程有限公司。

监理单位：山西锦通工程项目管理咨询有限公司。

二、管理情况及亮点

推进现场标准化作业，开工前召开班前会，下达标准化作业指导书，明确危险点、工艺标准，设置专责监护人做好施工全过程监护，利用无人机开展过程监督针对山高沟深的复杂地形，利用无人机进行可见光、红外的巡视拍照，严把工艺质量和进度关。应用工厂化预制，将工程全部拉线采用工厂化预制，缩短作业时间，提升工作效率，确保了工艺质量。

三、质量、工艺展示

引线工艺规范，绝缘防护齐全

架空线路安装避雷器，防雷措施可靠，相序清晰

特殊地段安装防振锤，防范导线舞动发生

验电接地环安装工整，工艺美观

引线工艺规范，固定可靠，绑扎美观

27　山东烟台市蓬莱市
110kV 北沟站 10kV 蔚河Ⅰ、Ⅱ线新建工程

一、项目概况

全貌图

1. 规模及造价

新建 10kV 架空线路 12.22km，其中架空双回线路 2×3.66km，单回线路 4.9km，采用 JKLGYJ-10-240/30mm^2 和 JKLGYJ-10-95/15mm^2 绝缘导线；新建 10kV 电缆线路 1.06km，采用 YJV$_{22}$-8.7/15-3×400mm^2 电缆；安装柱上开关 8 台。决算投资 451.25 万元。

2. 建设工期

开工日期：2016 年 7 月 20 日。竣工日期：2016 年 8 月 30 日。施工周期：42 天。

3. 参建和责任单位

建设单位：国网山东省电力公司蓬莱市供电公司。

设计单位：蓬莱市兴源电力设计有限公司。

施工单位：蓬莱市兴源电力工程有限公司。

监理单位：淄博泉舜工程设计监理有限公司。

二、管理情况及亮点

认真履行"三高一全"工作思路，强化配电网标准化成果应用，实现工程质量一体化提升。高起点设计，充分发挥示范工程的引领作用，带动施工质量稳步提升。高质量施工，规范现场文明施工，倡导创新创效，开展"工厂化加工"，提高工艺质量和效率。高效率推进，建立横向协同会商机制，推进工程建设。全过程管理，实行纵向穿透全过程督导，确保工程建设质量，实现建设工艺"一模一样"。

三、质量、工艺展示

双回架空线路安装防雷绝缘子，
确保线路安全稳定运行

架空线路安装新型防鸟害占位器，
横担与绝缘子安装工整

单回 T 接线路杆引线美观，绝缘防护到位

钢管杆基础防护良好，铁塔可靠双接地

架空线路通道良好，挡距适宜，标识齐全

28　浙江衢州市龙游县
10kV 江北双回线路新建工程

全貌图

一、项目概况

1. 规模及造价

新建 10kV 双回架空线路 2.604km，采用 JKLYJ-10- 240mm^2 绝缘导线；新建 10kV 电缆线路 0.74km，采用 YJV$_{22}$-8.7/15-3 × 300mm^2 电缆；安装柱上开关 7 台。决算投资 197.79 万元。

2. 建设工期

开工日期：2016 年 9 月 10 日。完工日期：2016 年 12 月 6 日。施工周期：87 天。

3. 参建和责任单位

建设单位：国网浙江省电力有限公司龙游县供电公司。

设计单位：龙游恒业电力设计有限公司。

施工单位：龙游泽龙电力工程有限公司。

监理单位：浙江电力建设监理有限公司。

二、管理情况及亮点

以配电网"建设工艺一模一样"为指导方针，严格执行国网典设标准，创新提出"四化一带"配电网工程建设管理工作思路，全力推进配电网"工程质量标准化"建设。应用工程建设优秀 QC 成果，建成"线杆融景、变台为景"的亮丽风景线，打造施工工艺标准统一，可复制可推广的精品工程。

三、质量、工艺展示

线路通道顺畅，挡距适宜

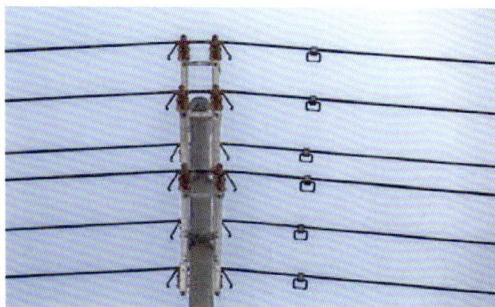

直线杆横担与防雷绝缘子安装工整，分段
设置接地挂环

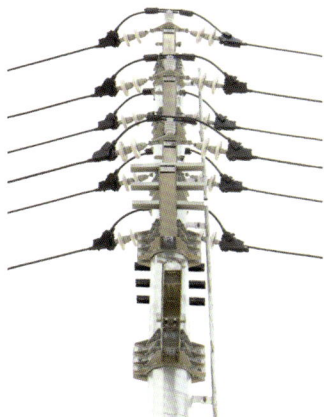

耐张引流线工艺美观

柱上开关设置明显开断点

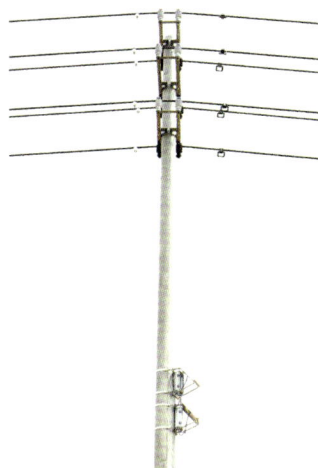

安装太阳能式故障指示器和在线
监测装置，实现故障快速寻址

29　湖北宜昌市夷陵区
2016 年小城镇（中心村）10kV 香烟寺线改造工程

一、项目概况

全貌图

1．规模及造价

改造 10kV 架空线路 2.186km，采用 JKLYJ-10-150mm² 绝缘导线；新建 10kV 电缆线路 0.352 km，采用 YJV$_{22}$-8.7/15-3×240mm² 电力电缆；安装分段开关 2 台、联络开关 1 台。决算投资 92.6 万元。

2．建设工期

开工日期：2016 年 10 月 24 日。竣工日期：2016 年 12 月 8 日。施工周期：44 天。

3．参建和责任单位

建设单位：国网湖北省电力有限公司宜昌市夷陵区供电公司。

设计单位：宜昌电力勘测设计院夷陵分院。

施工单位：宜昌昌辉电业有限责任公司。

监理单位：湖北环宇工程建设监理有限公司。

二、管理情况及亮点

严格按照国家电网公司配电网标准化创建"一模一样"的要求，全面加强工艺、质量管控：现场施工装配化，实现线路避雷器、分段开关、直线杆头、接地引下线工厂化预制。施工工艺直观化，创新制作"标准工艺 A3 图板"，把施工中的重点工艺进行注明，直观地把安装工艺、物料种类呈现在每一个施工人员面前。技防手段规范化，全线安装绝缘护罩、避雷器、防鸟装置、故障指示器，建设质量和供电可靠性进一步提升。

三、质量、工艺展示

过电压保护器安装规范，防鸟设备齐全

分段开关位置选择合理，安装规范

线路接地扁钢敷设工整，警示标识醒目

高强度混凝土电杆引线弧度一致

30 四川宜宾市翠屏
10kV 新沿线、新江 II 线延伸新建工程

一、项目概况

全貌图

1．规模及造价

新建 10kV 电缆线路 6km，采用 YJV_{22}-8.7/15-3×300mm² 电力电缆，新建二进四出环网箱两台。决算投资 415.5 万元。

2．建设工期

开工日期：2016 年 4 月 5 日。竣工日期：2016 年 5 月 20 日。施工周期：45 天。

3．参建和责任单位

建设单位：国网四川省电力有限公司宜宾供电公司。

设计单位：宜宾四维电力设计有限公司。

施工单位：宜宾远能电业集团有限责任公司。

监理单位：四川电力工程建设监理有限责任公司。

二、管理情况及亮点

项目实施过程中全面应用典型设计，执行标准物料规范采购、做到标准化工艺施工。建立工程标准工艺管理制度，对影响工程建设质量的关键因素进行梳理，以标准化工艺落实为突破口，创新管理手段，严控现场施工工艺，落实监理制度，确保工程质量，结合"四新"和"运检业务职工创新实践活动"，将"二维码、新型地锚装置、管道密封技术"等 9 项职工创新成果应用到工程建设中，有效推动配电网工程质量和工艺水平的全面提升。

三、质量、工艺展示

电缆井内设置电缆支架和集水井，保障
电缆运行环境

电缆半导体切剥

电缆主绝缘切剥

应用新型电缆管道封堵技术，电缆标识齐全

环网箱交流耐压试验

31 重庆市合川区 10kV 高溪线改造工程

全貌图

1．规模及造价

新建、改造 10kV 架空线路 7.6km，采用 JKLGYJ-10-185/25mm^2 绝缘导线；安装柱上开关 5 台。决算投资 239.8 万元。

2．建设工期

开工日期：2016 年 6 月 15 日。竣工日期：2016 年 11 月 26 日。施工周期：172 天。

3．参建和责任单位

建设单位：国网重庆市电力公司合川区供电分公司。

设计单位：重庆展帆电力工程勘察设计咨询有限公司。

施工单位：重庆久明水电工程有限公司。

监理单位：重庆渝电工程监理咨询有限公司。

二、管理情况及亮点

按照配电网标准化建设方案，制定"优质工程"建设目标，严格执行国网典型设计要求，全面推行标准化建设，实现工程质量全面提升。全面采用物料成套化采购、细化设备安装工序，加强施工质量管理，提高施工工艺标准化水平。发挥业主、设计、监理、施工单位互相协同管理职能，严格落实"三级验收"机制。对公路两侧杆塔逐基设置安全标识，安装相序标识牌、故障指示器，对设备及导线引流线夹加装绝缘防护，实现线路全绝缘。

三、质量、工艺展示

直线杆横担与绝缘子安装工整，相序齐全

耐张杆引线美观，拉线设置合理

采用带电作业，提高供电可靠性

线路接地引下线固定牢靠、美观

32 甘肃白银市景泰县
环东变 118 城区三线四连支线改造工程

一、项目概况

全貌图

1. 规模及造价

新建 10kV 架空线路 6.872km，其中双回线路 2×2.136km、单回线路 2.6km，采用 JKLYJ-10-240mm^2 绝缘导线；新建 0.4kV 架空线路 1.46km，采用 JKLYJ-1-70mm^2 绝缘导线；安装柱上开关 1 台。决算投资 114.89 万元。

2. 建设工期

开工日期：2016 年 8 月 21 日。竣工日期：2016 年 11 月 14 日。施工周期：93 天。

3. 参建和责任单位

建设单位：国网甘肃省电力公司景泰县供电公司。

设计单位：白银电力设计（所）有限公司。

施工单位：甘肃盛辰电力建筑安装工程有限公司。

监理单位：甘肃光明电力工程咨询监理有限责任公司。

二、管理情况及亮点

注重项目源头把控，提高设计质量，严格执行配电网工程典型设计、选取标准物料，充分考虑地方经济及负荷发展，设备容量、导线截面选型实现"一步到位"。创建样板工程，强化示范引领。组织参建人员集中现场观摩培训，确保工程建设模式不变形、标准不走样。严抓施工管控、竣工验收，配发《配电网工程工艺质量典型问题解析》指导施工，业主、监理认真履责，定期召开工程项目推进协调会，及时整改各类缺陷，实现工程质量"一模一样"。

三、质量、工艺展示

双回线路终端杆出线工艺美观,绝缘防护全面

直线杆验电接地环及故障指示器安装齐全

混凝土电杆基础防沉台美观,埋深标识清晰

低压线路弧垂美观适宜,通道内无树障及杂物

低压线路终端杆工艺美观,尾线绑扎整齐

33　宁夏固原市彭阳县
35kV 崾岘变电站 10kV 配出工程

一、项目概况

全貌图

1. 规模及造价

新建 10kV 线路 4 条，共 38.95km，导线采用 JKLGYJ-10-120/20 mm² 绝缘导线；新建 10kV 电缆线路 0.48km，采用 YJLV$_{22}$-8.7/15-3×300mm² 电力电缆；安装柱上开关 6 台。决算投资 456 万元。

2. 建设工期

开工日期：2016 年 6 月 10 日。竣工日期：2016 年 11 月 20 日。施工周期：160 天。

3. 参建和责任单位

建设单位：国网宁夏电力有限公司彭阳县供电公司。

设计单位：固原龙源电力勘测设计咨询有限公司。

施工单位：固原农村电力服务有限公司。

监理单位：宁夏重信建设监理咨询有限公司。

二、管理情况及亮点

严格执行国家电网公司 2016 版配电网工程典型设计要求，以"标准工艺"应用为突破口，以"优质工程"为抓手，对工程实行过程管控"八到位"（培训到位，执行到位，控制到位，协调到位，物资到位，管控到位，预、结算到位，验收到位），确保配电网工程建设质量。做好对参建队伍的工艺培训，全过程执行工艺标准到位，实现工程建设质量"一模一样"目标要求。

三、质量、工艺展示

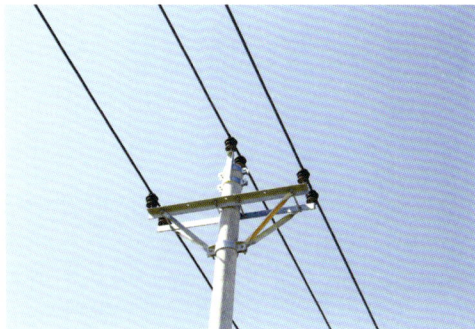

覆冰区直线杆安装规范，采用双横担斜撑固定，提升抗击自然灾害能力

耐张杆拉线加装绝缘子，提高安全
运行水平

安装防雷绝缘子，提升线路防雷能力

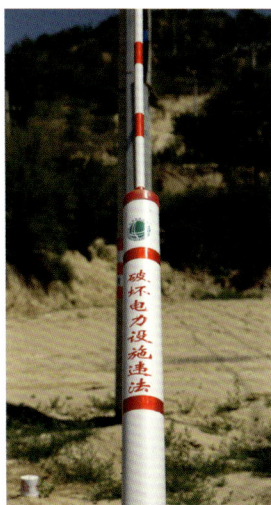

拉线防护设施安装到位，警示醒目

34 新疆奎屯乌苏市
35kV 甘雄布拉变电站 10kV 雄北 Ⅰ、Ⅱ双回配出线路工程

全貌图

1. 规模及造价

新建 10kV 双回架空线路 3.86km，采用 JKLGYJ-10-240/30mm^2 绝缘导线；新建 10kV 电缆线路 0.05km，采用 YJV$_{22}$-8.7/15-3×300 mm^2 电力电缆；安装柱上开关 3 台。决算投资 401.5 万元。

2. 建设工期

开工日期：2016 年 7 月 15 日。竣工日期：2016 年 8 月 4 日。施工周期：20 天。

3. 参建和责任单位

建设单位：国网新疆电力有限公司乌苏市供电公司。

设计单位：奎屯金茂世纪电力设计有限公司。

施工单位：新疆金茂电力建设有限公司。

监理单位：国网奎屯供电公司输变电工程质量监督站。

二、管理情况及亮点

严格按照典型设计施工，全面稳抓安全质量，强化配电网标准化成果应用，实现工程质量一体化提升。各部门充分发挥职能作用，加强计划性和预见性掌控，及时协调工程实施过程中遇到的困难和问题，确保物料供应顺畅，解决工程进地和现场清障等工作。施工单位主动作为，通力合作，严格执行工艺标准，全面完成配电网工程建设任务。

三、质量、工艺展示

直线杆安装验电接地环和故障指示器，
检修省时、方便

直线耐张杆引线工艺规范、美观，
绝缘防护齐全

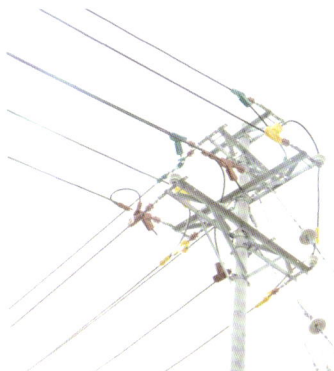

转角杆引线工艺规范、美观，绝缘防护齐全

柱上开关采用双杆安装并设置明显开断点

第二篇

经验交流篇

总结、提炼配电网工程建设过程中创造性劳动成果，凝基层智慧，扬工匠精神，超前谋划实施，统筹资源调配，确保了配电网工程安全、优质、高效推进，同时，形成了一批优秀的可复制、借鉴，可推广、示范的典型经验做法，通过对成果的固化推广，促进配电网建设水平的全面提升。

1　国网山东电力匠心打造配电网精品工程

国网山东电力以优质工程创建为抓手，严格执行国网公司配电网典型设计和工程质量目标要求，积极应用工厂化、机械化施工，出台工艺质量指导文件和宣贯图册，全过程严把施工质量关，建样板、立标杆，点面联动，全力提高工程建设水平，实现建设工艺"一模一样"的工作目标。

一、以点带面，从标杆示范到推广普及

贯彻落实国网典型设计，甄选适合山东实际子方案；优化设备选型，简化物料序列，标准物料由 796 类缩减到 286 类，精简 64%。落实国网公司"四个一"工作要求，开展"工厂化"预制现场观摩，组织六期 7347 人次参加电视电话培训，将 Q/GDW 10370—2016《配电网技术导则》、《国家电网公司配电网工程典型设计》（2016 年版）等标准化建设成果应用到配电网建设改造全过程。标杆引领，建设 16 项机井通电和 17 项小城镇（中心村）示范工程，组织现场观摩，出版《小城镇（中心村）和机井通电施工工艺》《配电网施工交底手册》等图书，指导工程建设，标准化施工全面普及。

开展工厂化预制现场观摩　　　　　　　　出版工艺指导书籍

二、创新引领，从"一模一样"到"一次成优"

创新提出"三能三不"工作理念（能在地面做的，不在高空做；能在车间做的，不在现场做；能在开工前做的，不在施工时做），研发台架式变压器引接线装配平台、四点接地汇集装置制作平台、拉线组装等工厂化预制平台等，变压器高压引接线组装时间由原来的 3 小时缩短至现在的 15 分钟，实现台架式变压器接地汇集装置下料裁剪、定位冲孔、折弯成型、喷漆等现场制作的工序一次性完成，制作好的接地汇集装置"Z"型弯、开孔、黄绿漆工艺完全一样，解决了人工制作、组装拉线费时费力、工艺不规范等

难题。推广工厂化预制车间，预先在工厂内完成模块化加工、组装，成套化配送现场直接安装使用，在 17 地市组建 18 个工厂化预制车间，在国网系统内率先实现工厂化预制全覆盖；开发推广预制式设备基础，解决机井通电工程现场制作繁琐、混凝土凝固期长等问题；推广机械化作业，建设效率和质量显著提高。变"零散式"施工为"流水线"作业，在"一模一样"的基础上，减少了现场施工安全风险点，施工时间平均缩短 2.1 天，效率提高 33%，一次成优率 95% 以上。实现国网公司配电网百佳工程"四连冠"，经验推广至国网系统各省落地应用。

台架式变压器引接线装配平台

工厂化预制车间

三、建管并重，提升配电网安全运维水平

以典型设计和安全规程为依据，出台《配电网设备命名与编号规范》和《配电网设施标识安装规范》等文件，统一规范设备命名和标识安装要求；下发《机井通电供电设施运维管理与营销服务指导意见》，明确产权、运维分界，确定差异化巡视策略，确保运维管理顺畅有序、不留死角。研究制定机井通电变压器运维防盗可行措施，排查偷盗风险隐患，构建联防、联控机制，落实机械、电子防盗措施，确保灌溉期正常可用。以建设质量助推配电网工程安全运维水平，促进供电质量、公司效益双提升，百姓用电舒心、省心。

机械化作业多功能施工车

机井通电后农田灌溉

2 国网河北电力构建配电网工程"三位一体"管控机制

国网河北电力针对项目管理薄弱点及配电网工程单体项目多、点多面广、精益管控不能全到位等特点，依托 PMS2.0 配电网管控模块及其他相关信息系统，编制了《"三位一体"管控体系》（简称《管控体系》）。指导配网工程规范有序建设，规范工程管理，提升工程建设效率。通过全面推广工厂化装配应用，精简修编配网典型设计图纸和典设物料，加强标准化创建的宣贯和培训，加强后期验收和档案资料整理等方式，努力打造样板工程、精品工程。

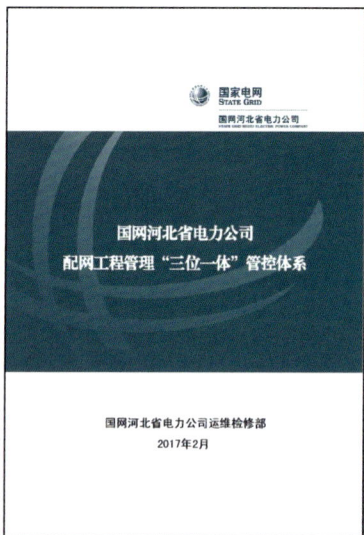

"三位一体"管控体系成册

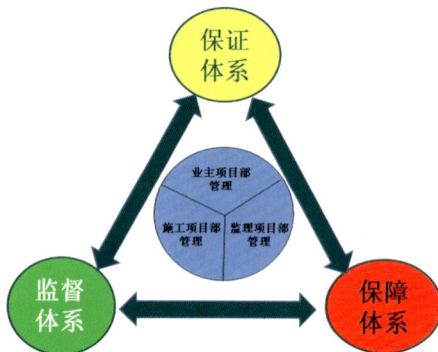

"三位一体"管控体系构架

一、构建保证体系，规范管理流程

《管控体系》以配电网建设规范性指导意见为主线构建保证体系，对全过程进行规范；以可视化管控为抓手完善监督体系，核查工程实施中关键节点的文件、图片、图纸等资料，实现关键环节的可视化管控；以对标评价为载体健全保障体系，将配电网工程管理工作纳入企业负责人绩效和同业对标体系，提升配电网工程管理执行力和穿透力。《管控体系》从法律和制度两个层面，梳理与之相关的要求，明确配电网工程规划、可研、初设、计划、物资、招标、服务类合同、项目开工、项目实施、验收投运、变更签证、结算审计、转资关闭和档案管理 14 个环节管理流程，规范管理环节业务链条，构建标准化过程管控体系。

二、完善监督体系，加强过程管控

依托 PMS2.0 系统配电网工程管控模块、ERP 系统及其他信息系统，构建配电网工程可视化管控系统，核查初设文件、节点计划执行、项目资金及状态跟踪等关键节点的执行文件、图片视频、图纸资料等，实现关键环节的可视化管控；组建配电网工程专家人才库，成立业主、监理、施工三方督查组，定期开展配电网运转情况、工程现场监督、档案资料收集归档等各类专项检查，督促各单位加强人员管理，明确职责分工，提高运转效率。

三、健全保障体系，确保稳步实施

以对标评价为载体，健全保障体系，将典设应用、项目进度等专项工作纳入企业负责人业绩考核评价体系和同业对标考核体系，强化指标导向作用；开展配电网工程建设劳动竞赛，定期评比排名，鼓励基层单位争当先进典型。从同业对标指标、企业负责人指标、运检月度评价、例会通报、配电网工程管理周报、竞赛方案 6 个方面保障配电网工程项目合理、合法、高效率顺利完成。

标准化作业流程

工厂化装、备、配

现场作业管控

规范化验收

国网河北电力全面推广应用《管控体系》后，配电网建设改造项目实施速度与工程质量双提高，实施过程更加规范，并有效管控经济风险。2017 年公司完成 10kV 及以下配电网工程（含 2016 年结转项目）投资规模 83.52 亿元，单体项目共计 22329 项，总完工率 100%。

3　国网山西电力精准管控，打造"四型"工程

国网山西电力贯彻落实国网公司配电网标准化创建工作部署，推行工程"五位一体"全过程管控理念，从工程设计、物资、管理、施工、协同方面入手，形成一体化管理流程，全力打造"四型"工程。

一、创新项目前期，打造"阳光工程"

一是应用项目需求辅助软件，统筹开展配网工程规划、需求编制和项目储备，将电网建设与城市（乡镇）规划有机融合，提高项目立项精准度。二是严格执行标准化建设，优选配电网典型设计方案，做到"一市一典设、全省三典设"；精简配网标准物料 16 类、383 种，物料优化率达到 47.52%。三是编制《配电网工程工程量清单计价规范》，制定工程量清单范本、编制规范和工程结算范本 46 类；编制《配电网工程设计出图规范》，固化初设、施工图纸目录 89 项、绘图模板 58 类，进一步推进工程的标准化管理。

编制清单计价规范和设计出图规范

二、紧抓时间节点，打造"高效工程"

一是健全配电网工程督查评价、供应商履约评价、工程三级验收等七项重点工作机制，层层压实责任，强化协同联动，规范过程管理。二是成立物资催交小组，出动 2100 人次分赴 12 省市驻厂催货，产一批、运一批，保障物资供应有序衔接；按照"先农田、后周边"施工原则，投入 920 个队伍、1.17 万名施工人员，在春灌前完成了农田内线路立杆和台架组装。三是开展集团化作业和工序化装配。统筹安排停电、作业和接火，实施挖坑、运输、立杆、架线、组装和调试的流水式作业，小组分工协作完成整体建设任务。四是制定了重点市县督导方案，采取日通报、日协调问题清单方式，每日总结计划执行，做到日事日清、日事日毕。

三、强化安全管理，打造"安全工程"

一是推行军事化管理。从施工准备、现场布置、材料摆放等环节全部实行准军事化管理，明确规定动作，统一行为标准，塑造严肃认真、整齐划一、协同作业的工作作风。二是对施工单位资质、合同、安全协议进行全面核查，组织各施工单位签署安全责任状。

对劳务分包资质、承载能力、安全协议等进行排查，执行持证上岗、同进同出管理。三是实施市公司、县公司、监理、施工单位"四级"安全监督把关制，做到人员、时间、力量"三个百分之百"投入。四是明确"外包施工队伍现场作业红色和黄色违章明细"，从人员技能、安全管理、作业违章、安全工作业绩、施工质量等五方面严明工作要求，开展全方位安全评价，实现安全"零"事故。2017 年，省公司累计检查工程现场 483 个，消除安全隐患 219 处。

配电网工程军事化管理

四、全过程质量管控，打造"品牌工程"

一是分区域、分阶段创建标杆工程 265 项，建设"标准化"示范基地 8 个，通过示范引领、竞赛评比和现场培训等方式，宣贯"标准工艺"执行、质量通病整改等内容。2017 年累计培训设计、施工、监理人员 6500 余名。二是加大预装式产品在工程中的应用，推进工厂化装、配、送一体化研究和实践，全省共建成工厂化预制车间 67 个，生产预制化产品 7000 余套。三是将施工过程验收与整体验收相结合，加大对施工工艺、隐蔽工程等巡检力度，整改工艺质量问题 557 处，扎实做好工程质量管控。四是编制配电台区标准化安装三维动画，分步演示电杆组立、接地敷设、台架组装、电气安装等工序，明确工艺要点，提高施工人员对标准工艺的感性认知，切实助推标准工艺落地。

创建标杆台区工程

工厂化预制全面应用

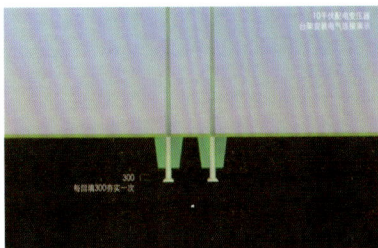

变台电杆土建施工演示

变压器和综合配电箱组装演示

4　国网安徽电力配电变压器台区标准化验收 APP 一键验收

国网安徽电力开展配电变台标准化验收 APP 研发、应用工作，通过采用现场 APP 一键验收，解决了验收标准不统一、效率低下、过程不可追溯等问题，确保配电变台标准化应用有效落地，实现了国网典设 100%应用的目标。

一、强化技术支持保障，明确智能验收方向

全面开展配电网工程验收标准梳理和验收细则制定，组织专业技术人员整理汇编形成配电网工程验收标准和验收细则，为配电变台标准化验收 APP 研发提供了基础素材和管理准则。组建研发团队，多次组织技术专家、开发厂家在宿州、滁州等地对标准物料和新建成的标准化配电变台进行照片采集，通过多角度、多部位、不同环境的精心采集和挑选，建立了涵盖导线、金具、铁构件、变压器、低压综合配电箱等类别大数据标准图库，以此作为工程验收的参考和依据。

二、优化功能，不断提高验收准确性和效率

依靠软件技术实现工程一键验收，通过以图搜图和图像识别技术，与后台标准图片进行比对，自动分析判断是否符合工艺标准，确保 APP 高效精准开展一键验收。开发深度学习功能，不断增加样本数量提高验收准确性，利用以图搜图和卷积算法进行样本学习，大大提高了验收效率。记录和展示工程从验收申请到三级验收全部结束过程中的所有验收结论，实现了工程验收管理的闭环，方便对验收过程追溯。实行角色管理，根据验收职责赋予相关权限，验收管理实行逐级负责制，每一级验收责任人角色对上一级验收结果负责，业主项目经理、监理总工程师角色在 APP 中电子签字，对施工单位自验收结论负责，运行管理单位验收组组长角色对二级验收结论进行签字负责，建设管理单位验收组组长角色对三级验收结论签负责，确保每一级验收"零缺陷"传递。

高效精准开展一键验收

历史数据查询便于对验收过程追溯

三、建立试点推广机制

为确保该验收 APP 切实发挥成效，制定了先试点、再总结、后推广的"三步走"应用机制，首先选择在宿州砀山、泗县公司试点开展。在试点应用中，不断总结、完善，满足可行性和高效性需求。目前该成果已在宿州地区市、县公司全面推广应用。

四、主要成效

一是推进配电网标准化建设，实现配电变台标准化应用全覆盖。该项目已在国网宿州供电公司 2016 年和 2017 年配电网工程中推广使用，自应用以来，验收准确性显著提高，实现了验收档案的电子化管理及验收报告的可追溯性，有力保证了国家电网公司标准化成果和标准工艺落地，大幅提升配电网建设水平，确保配电变台标准化应用率达到100%。二是开创配电变台验收新模式，实现效率效益双提升。实现验收效率提升 400%，节约人力成本 75%，对确保工程质量、降低设备故障率提供了坚实保障，配电变台优质工程率提升至 99%以上，台区故障率同比下降 68%，有力提高了配电网的供电质量及供电可靠性、提升了广大客户的用电满意度。

传统配电台区验收方式

APP 一键验收方式

5　国网河南电力多措并举，打造全过程质量管控体系

国网河南电力牢固树立"百年大计、质量第一"思想意识，突出"全员培训、示范引领、模块预装、标准档案"质量管控模式，紧密围绕配电网工程典型设计和标准工艺核心要求，强化质量管理责任落实，严格过程管理要求，高标准打造全过程质量管控体系，持续提升配电网工程建设质量。

一、健全组织机构，全面强化质量管控

一是整合资源成立独立运作的省、市两级配电网工程建设管理办公室，梳理县公司发展建设部和电网建设班管理职能，明确质量管理责任，建立全省质量管理专家库，健全配电网工程质量管控体系。二是修编完善项目管理、安全质量、设计技经三大板块的二级管理制度 8 项、三级管理制度 10 项，规范工程质量管理。开展"五提升、一治理"质量管理专项行动，全面提升公司配电网工程质量管理水平。三是组织开展优质工程、优秀设计、流动红旗、劳动竞赛评选，严控评选标准，引导各单位进行多种形式的奖励，提升质量管理积极性。

二、建立培训机制，提高施工人员作业技能

以配电网典型设计和标准工艺为依据，针对设计要点、工艺规范、竣工验收等关键环节，制定"一册、两书、三卡"培训教材，录制发行配电网施工标准工艺教学视频。其中施工工艺手册（一册）和教学视频为集中培训学习重要依据，施工工艺图册口袋书、标准化作业指导书（两书）为现场施工重要参考，施工明白卡、质量控制卡、物资到货验收卡作为现场质量管控手段。

标准施工工艺培训视频

施工工艺口袋书

三、深化创新引领，提升工厂化预装管理水平

一是建立工厂化预装专家团队，开展技术攻关，结合预装设备使用情况，先后研制升级四代工厂化预装设备并全面推广应用，有效确保建设工艺"一模一样"。二是统一编制并下发《导线剪切工艺标准》《接地扁钢制作工艺标准》《工厂化预装物资配送管理办法》等 8 项预装标准及管理制度，明确预装生产标准，规范作业流程，确保工厂化预装车间安全、高效运作。三是大力开展配电网工程设备群众性创新，先后在电缆沟铺砖辅助装置、表箱安装助力装置、绝缘倒角器等实用工具开发上获得专利授权，全面推广杆坑开挖、电缆沟开挖等施工机械，有效提升配电网工程施工效率。

预装车间全部实现数控升级

工厂化预装工艺标准及管理流程

四、强化示范引领，加强工程建设质量管控

按照"省级树标杆、市级做示范、县级建样板"工作思路，在全省范围内开展示范工程建设，要求严格落实配电网建设工艺"一模一样"要求，做到"四统一"（设计统一、设备统一、施工统一、工艺统一），强化示范引领作用，以点带面，快速复制，打造精品工程。召开省、市、县三级现场观摩会、推进会，组织配网办、设计院等所有参建人员现场观摩学习，找差距、促提升，确保典型设计和标准工艺有效落地。

工程档案管理数字化管理培训

五、细化验收标准，规范工程档案管理

细化配电网工程竣工验收和批次工程验收考核评价标准，覆盖典型设计应用、工艺质量标准、档案资料整理等工程管理全过程。坚持痕迹化管理要求，强化责任追溯，确保工程质量问题闭环管理机制落实到位。统一配电网工程档案资料清单和模板，实行竣工资料编制数字化、标准化，开展工程档案管理数字化管理培训，规范工程档案管理，全面提升工程资料归档质量。

6 国网新疆电力创新督查工作机制

国网新疆电力按照国家电网公司配电网建设工作要求，从健全组织、规范制度到督导督查，强化工程安全、质量及进度的全过程管控，全面提升配电网管控水平。

一、健全组织机构

加强三级工程管理组织体系建设，强化省、地、县公司领导组织机构建设，全面建立组织机构体系，健全各级责任制。

二、出台标准制度

编制下发《配电网工程制度技术标准汇编》《配电网工程档案模板》《配电网工程建设管理伏雨季安全防控要点》《配电网工程固有风险防控清册（2017 版）》等工程管理文件，并针对各阶段出现的问题及时修编，强化了理论指导。

三、创建督查机制

（1）建立三级督查机制，强化对工程现场管控。公司建立配电网项目评审专家库、工程安全质量督查专家库，成立常态督查专家组，按照里程碑计划制定专项督查年度计划，持续对地县公司开展督查工作；地县公司抽调退二线老专家成立常态督查组，开展督查工作，确保项目安全质量进度可控。

（2）落实工程全过程管控，把好工程安全、质量和进度关。一是开展承包单位资信评价并及时发布，下发合格分包商名录，有效保证配电网工程的施工队伍质量；二是做好开复工检查，公司对地县公司配电网工程参建人员开展岗前培训，重点针对施工机械配置、驻地安防措施、施工图会审、现场交底情况等关键节点进行检查，确定全面开工准备；三是年中组织开展现场督查，建立巡回督查机制，下发《安全反违章督查大纲》《配电网改造升级工程建设反违章专项行动方案》《配电网工程安全质量管理暨优质工程创建工作督查》等，文件有针对性开展了两轮次配电网工程全过程安全和质量督查，取得了良好的效果；四是组织开展工程进度及结算督查，针对进度较慢、结算滞后的单位，安排专人进行定点督查，有力保证了配电网工程稳步推进。

（3）建立工程检查闭环机制。全面开展配电网工程建设反违章督查，建立违章问题库，销号处理，召开反馈会，下发检查通报七期，限期整改。

新疆电力公司部室便函

电农函〔2011〕54号

关于下发新疆电力公司农村电网工程
检查大纲的(试行）通知

公司所属各供电单位：

为规范公司农网工程检查工作，指导各供电单位农网工程建设和管理，公司组织编制了《新疆电力公司农网工程检查大纲（试行）》，现下发给你们，请各供电单位参照大纲对农网工程建设严格管理、并及时反馈在工程建设中发现的问题。

附件： 新疆电力公司农村电网建设工程检查大纲(试行）

检查大纲

现场检查

资料检查

召开反馈会

7 国网湖南电力推行优胜劣汰机制，强化施工单位管控

国网湖南电力通过资格预审、动态处理、定期评价等办法，积极推行"优胜劣汰"机制，狠抓配电网工程施工单位管控，全力助推配电网工程建设。

一、资格预审，做好入场把关

项目具备招标条件后，公开发布资格预审通知，对申请人资格要求、资格预审方法等进行明确，邀请潜在投标人提出资格预审申请，未通过资格预审的将不具有投标资格。一是定性、定量审查。对营业执照、企业资质、安全生产许可证等方面情况进行定性审查，对项目经理、技术员、安全员、施工队长等承载能力进行定量审查。二是结果公示。资格预审工作结束后，通过电子商务平台将合格的资格预审申请人予以公示，并公布预审否决原因。

二、动态处理，督促整改提高

一是完善管理制度。组织制定《配电网工程承包商不良行为处理指导意见》，根据对电网建设、生产运营、优质服务、企业形象造成的不良影响和经济损失程度，不良行为分为严重和一般两大类。不良行为处理实行省、市、县公司三级管理，处理措施主要包括终止合同、调减框架协议份额、暂停授标和扣减商务分值 4 种类型。二是开展动态处理。由县公司上报不良行为信息报告，地市公司组织复核，并对施工单位进行约谈，督促施工单位进行整改，提出处理意见，报公司批准、发布。动态开展施工单位不良行为处理，有效弥补了履约评价的时效性缺陷。三是处理结果应用。2017年，通过不良行为处理，公司共组织认定施工单位严重不良行为 6 起，一般不良行为 3起，并按规定进行调减协议份额及扣减商务分值处理。通过不良行为的动态认定、处理，对施工单位起到及时预警的作用，达到了"立行立改"的目的。

资格预审公告

三、定期评价，强化施工履约

一是明确评价指标、标准。组织修编《配电网工程业主项目部标准化管理手册》，明确了履约评价工作各项要求。按季度定期开展评价工作，评价由综合指标评价、工程指标评价组成，其中，综合指标评价包括施工单位企业基本条件、财务状况、企业荣誉等

内容，工程指标评价包括项目部组建、管理人员履职、项目管理等内容。二是发挥平台优势。此前，由于施工单位评价工作量大、时间长，信息反馈不及时，造成“不合格”施工单位仍有机会继续承揽工程。为了解决这一难题，公司组织在“配电网工程管理信息平台”开发“施工单位评价系统”，通过系统来完成施工单位评价。评价时，首先由省公司创建评价任务，再由县公司依据评价标准进行评分，市、省公司分别进行初审、复审，产生不合格施工单位、项目负责人名录。2017 年 9 月份，公司通过“施工单位评价系统”开展评价，仅用时 3 天，就完成了全省范围内 72 家施工单位、245 名项目负责人的评价，评价结果及时应用到了下阶段组织的施工框架招标工作，履约评价实现快速、高效、公平、公正。三是加强结果应用。2017 年，先后有 4 家施工单位、45 位项目负责人被评价为“不合格”。对于不合格的施工单位、项目负责人，1 年内不得在公司范围内承揽配电网工程。“禁入期”满后，根据整改验收情况，确定是否予以解禁。

施工单位评价系统主界面

通　报（通知）

国网湖南电力运检部　　2017 年 11 月 24 日

国网湖南电力运检部关于农网 10 千伏及以下工程施工承包商 2017 年第二次评价结果和不良行为的通报

【接收单位】

各市州供电公司

【内容】

根据公司农网 10 千伏及以下工程施工承包商评价工作要求和《配电网工程设计施工监理承包商不良行为处理实施意见（试行）》规定，公司组织各市州供电公司对农网 10 千伏及以下工程施工承包商开展了 2017 年第二次评价工作，并组织认定了施工承包商不良行为，现将相关情况通报如下。

一、基本情况

— 1 —

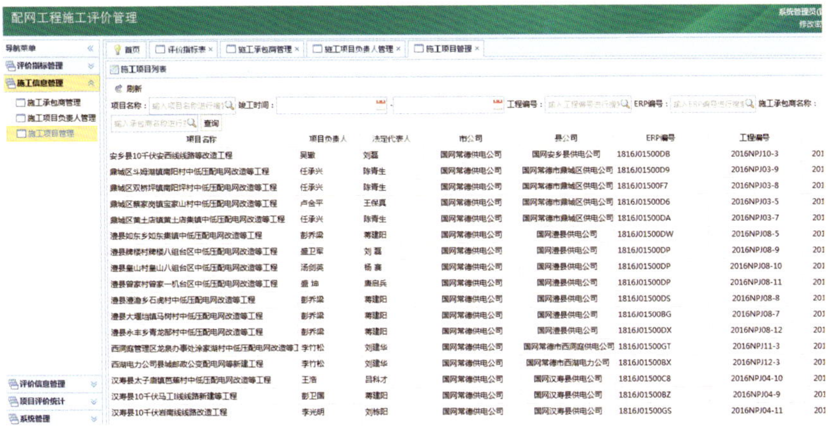

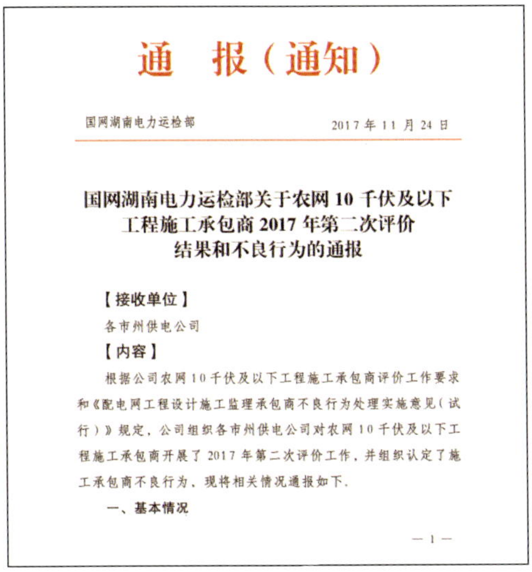

施工单位评价结果及不良行为通报

8 国网江苏电力应用框架招标，做好建设前期工作

国网江苏电力认真对照两年攻坚战总体目标，并行铺排关键流程节点，统筹谋划，实践应用框架招标，确保项目储备、计划下达、物资供应、施工招标等关键环节有效衔接，实现当年项目"一月开工、当年竣工"的建设目标。

2018 年度设计招标公告

一、提前开展设计招标，推行可研初设一体化

1. 提前开展设计招标

配电网项目量多面广单体小，难以按照主网基建类项目开展项目可研（估算）、初步设计（概算）、施工设计（预算）工作。设计提前招标为推行配电网项目可研初设一体化提供有力保障，既避免重复设计工作，又可以实现设计一步到位的效果。2018 年度项目设计招标在 2017 年 1 月上报计划，3 月采取年度框架协议方式进行招标，4 月初下达中标结果，确定设计中标单位。

2. 实现可研初设一体化

通过年度项目设计框架招标工作，真正实现可研初设一体化，减少项目变更情况。2018 年度项目设计在 4 月份确定中标结果。各项目单位及时联系设计单位开展现场勘查工作，利用 5 个月左右的时间进行 2018 年度项目设计工作，将项目可研做到初步设计、施工设计深度，有效保证项目的必要性和可行性。

二、分批开展物资预测、框架招标和上报供应工作

1. 开展协议库存需求预测和框架招标工作

按照国家电网公司配电网物资协议库存框架招标采购批次时间，认真组织开展配电网协议库存需求预测。预测工作以前期项目储备为基础，按照"需求提报单位集中提报、项目管理部门集中管控、物资管理部门集中审核"的原则进行。公司物资、发策、财务和运检等部门协商确定预测范围、资金规模和物料范围。

每年组织开展两次配电网协议库存需求预测工作。待资金计划信息基本明确后，每年 1 月预测当年 6～12

2018 年度设计中标通知书

月配电网物资协议库存物资需求计划，每年 9 月预测次年 1～6 月配电网物资协议库存物资需求计划。预测工作信息汇总上报后召开协议库存需求审核会议，重点审查上报物资需求资金占比，并根据不同物资品类，将需求情况与当年同期净出库情况进行比对，对于偏差较大的单位和物资品类开展重点审查，并对预测结果进行及时调整。

协议库存预测审查会议

2. 进行物资计划上报和供应工作

按季度开展配电网项目协议库存执行计划上报，并可根据工程变更情况，按月进行执行计划补充上报。按照"季度上报、月度供应"的原则分批开展物资供应，每年 2、5、8、11 月上报配电网项目下一季度的所有执行计划，对因项目进度或资金计划调整等原因，由需求单位申请并经公司项目管理部门和物资部同意后在月度执行批次中进行补充上报。以 2017 年配电网年度项目物资供应为例：2017 年上半年所需物资在 2016 年 11 月进行协议库存执行计划上报，交货期分别是 2017 年 1、2、3 月，为 2017 年配电网项目能在当年一月开工创造条件。2017 年度项目物资执行计划在 2 月份全部完成上报，交货期分别是 2017 年 4、5、6 月，有效保障施工需要。

2017 年度预安排项目施工招标公告

三、按需开展施工分批招标

根据国家电网公司统一安排，10 月份根据国网预安排项目批复下达情况，立即上报施工招标计划，确保来年 1 月 1 日开工。次年全部综合计划批复后，上报剩余施工招标计划。

以 2017 年配电网工程为例，2017 年预安排项目施工招标计划于 2016 年 10 月进行需求上报，11 月开展招标工作，12 月下达中标通知书，确保一季度项目在 1 月份按时开工。2017 年 2 月年度综合计划下达后，上报其余年度项目施工需求计划，4 月份下达施工中标结果，确保全年项目在上半年全面开工。

江苏全省统一开展框架招标工作以来，工程项目前期工作时间和质量得到保证、整体工程进度得以提升，工程建设工作有效做到精准投资。

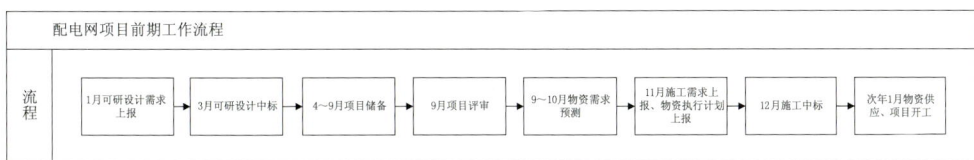

配电网项目前期工作流程							
流程	1月可研设计需求上报	3月可研设计中标	4～9月项目储备	9月项目评审	9～10月物资需求预测	11月施工需求上报、物资执行计划上报	12月施工中标	次年1月物资供应、项目开工

配电网项目前期工作时间节点图

9 国网辽宁电力开展配电网改造工程可研、初设一体化

按照国家电网公司配电网标准化建设改造创建工作要求，国网辽宁电力在摸清设备状况基础上，动态储备工程项目，高质量编制项目可研，全面执行可研、初设一体化，切实做到可研达到初设深度，实现配电网改造工程精准投资。

一、建章立制，全面实施配电网项目可研、初设一体化

下发《"十三五"电网发展合作框架协议及"国网六项措施"的配电网专项行动方案》及《国网辽宁省电力有限公司关于优化配电网规划及项目可研管理的意见》，明确了配电网建设改造工程项目必须按照可研初设一体化要求开展，确保配电网建设改造项目可研达到初设深度。

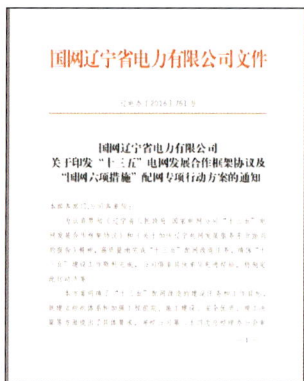

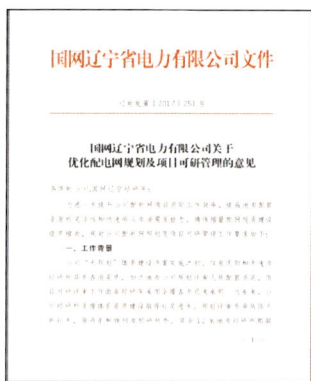

配电网专项行动方案　　　　　　　优化配电网规划及项目可研管理意见

二、科学管控，延续"三集五大"的"大规划"流程不变

依据国家能源局下发的配电网建设改造指导意见，坚持"三集五大"的"大规划"流程不变。由公司配网办确定立项技术原则，地市公司配网办负责项目储备、可研、初设等相关工作，作为配电网规划和工程立项依据，由公司发展策划部负责最后的打包上报和下达可研批复意见。

三、突破创新，通过"交叉评审"提升配电网建设改造项目质效

面对"十三五"期间庞大的投资规模，为确保配电网工程可研初设一体化工作的质量和效率，创新提出了配电网项目实行可研初设一体化"交叉评审"，即在可研评审时按初步设计深度的要求进行评审，初步设计评审为复核评审，对有变化的项目进行调整，无变化项目按可研批复规模投资执行。制定下发《关于国网辽宁省电力有限公司 10kV 农网 "交叉评审"的工作实施方案》（简称实施方案）、《国网辽宁省电力有限公司 10kV 及以下农网项目交叉评审管理办法》（简称管理办法）、《国网辽宁省电力有限公司 10kV 及以下项目 "交叉

评审"专家管理办法》(简称专家管理办法)及《10kV及以下项目"交叉评审"专家库名单》(简称专家库名单)。在实施方案中提出了在省经研院的统一组织下,将全省分为六个区域,由具备咨询资质、评审能力较强的六家经研所开展配电网项目评审工作,解决了"自己审自己"的问题。在管理办法中明确了省、市公司相关部门的工作职责、评审计划、评审流程及评审考核方法,捋顺了管理流程。依据专家管理办法在省、市公司发展部、运检部、营销部及经研院、所(设计院)从事10kV技术管理人员中择优选拔评审专家组建评审专家库,项目评审前在专家库中随机抽取评审专家深度介入项目评审工作,确保项目评审质量与效率。

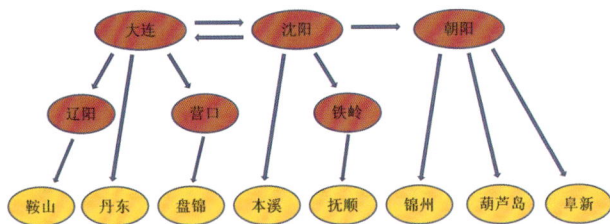

可研初设一体化"交叉评审"示意图

四、技术引领,推广应用"APP软件"实现持续可研、滚动储备

各地市公司在工程可研、初设阶段全面应用现场勘查辅助支持软件(APP 软件),做到初步设计和施工图设计同步进行,保证设计深度和质量。同时,依托设计管理平台开展配电网项目需求库录入工作和设计成果评价工作,确保国网典设执行率和标准物料应用率100%。目前,2018 年配电网项目储备已 150 亿元,"APP 软件"应用率 85.02%。未来,国网辽宁电力将对该软件功能进行完善,力争将应用率提升至 100%。

现场勘查辅助支持软件(APP 软件)

五、抢前抓早,物料采购一步到位,实现精准招标

为缩短招标周期,配电网改造工程的设计、施工和监理采购采取框架招标方式,物资采用协议库存采购方式。运检系统与物资系统紧密配合,通过开展可研初设一体化,物资部进行了可研编制阶段的物资需求统筹工作,充分掌握了物资需求规模,合理安排协议库存计划批次,使物资协议库存与施工招标更加精准。同时缩短初步设计时间,加快项目实施进度,确保配电网工程按照计划有序、高效推进。

10　国网江西电力全力推进项目部标准化建设

针对配电网工程点多面广，管理力量不足导致的工程管控难度大、安全风险高等问题，国网江西电力全力推进项目部标准化建设，夯基垒台，筑牢屏障防控风险。

一、制定项目部标准化规范标准

编发《配电网建设与改造工程项目部标准化建设规范》，从项目部组成、授权与任命、配置标准、公章和上墙资料等五方面统一了标准。一是统一了业主、监理、施工及设计项目部的组建原则、方式和要求。二是统一了项目部职责、管理流程及节点计划等上墙资料和展板样式。三是统一了项目部人员、场所、设备、仪器和车辆等配置标准。四是统一了施工项目经理、总监理工程师的授权和任命模式。五是统一了项目部公章的制作规范与使用。

二、开展项目部标准化建设达标工作

开展项目部标准化达标创建活动，编发达标方案，明确达标流程及评价细则。

（1）达标组织方面。一是组建方面，工程开工前 15 天，参建单位按标准化管理规范要求完成项目部组建。二是验收方面，建管单位在接到工程开工报审表后，及时组织开展项目部标准化达标验收，不达标的一律不得进场。

（2）达标评价方面。一是达标评价方面，要求建管单位根据项目部标准化达标检查表对项目部进行评价，得分率不足 85% 的均视为不达标。二是评价考核方面，对项目部整改工作不力的直接追溯处罚项目单位，其中两次整改方达标的，按发生一次一般不良行为处理；三次及以上整改方达标的，按发生一次严重不良行为处理。

施工项目部办公区

施工项目部施工及安全工器具摆放区

监理项目部办公区

监理项目部仪器摆放区

业主项目部办公区

三、开展供电所业主项目分部和工地代表试点

探索开展供电所业主项目分部和工地代表试点，将熟悉辖区当地情况的供电所或个人纳入到业主责任体系内，负责所辖供区配电网问题的排查梳理、项目需求编制、参与可研设计方案制定、项目建设安全、质量、进度、技术等实施现场管理，与参建单位"同进同出"，将服务管控关口前移，解决工程协调难、质量把控难等问题。

自 2017 年 5 月起，按《配电网建设与改造工程项目部标准化建设规范》要求，完成 2017 年配电网工程 611 个标准化项目部（108 个业主项目部、395 个施工项目部、108 个监理部）组建及达标。在规范参建单位人员、装备配置标准和履责要求后，参建人员到岗到位率大幅提升，安全及工艺质量管控水平明显提升，工程投诉大幅下降。

11 国网重庆电力工厂化施工，推进配电网优质工程创建

国网重庆电力"强化两个引导、贯穿标准化创建、注重安全质量督巡"，以推进工厂化施工为抓手，加快配电网优质工程创建。

一、关口前置，招标引导激励供应商

通过配电网可研初设一体化和施工框架招标，分别将设计单位项目需求及标准化设计软件配置及应用情况、施工单位配置预制化的操作平台及工程创优获奖情况纳入评价打分，在可研、初设阶段确保标准化成果落地，促进配电网工程设计端"典型设计应用率、标准化物料选取率"两率指标和施工端"标准工艺应用及施工科技创新水平"不断提高。

二、工厂化施工助力配电网标准化工艺提升

建立配电网工程工厂化扁平运转机制，公司统筹优化资源，建立"工厂装配化基地+拉线平台属地化车间"的扁平运转模式，以永川、垫江两个装配基地，分别辐射渝中一小时经济圈及渝东南、渝东北两翼地区，满足区域配电网工程装配化实施需要。通过模块化单独协议库采购，将工厂化预制模块的材料费、加工费和配送费等一并纳入成本计算，化解了工程结算费用计取风险。自主研发改型设计了配电网工程一体式数控工厂化预制设备，集高压引下线、接地扁钢、拉线制作三大模块于一体，实现了电缆剪切单元、剥皮单元的全自动化作业，在原有工厂化预制基础上进一步减少了人为因素造成的工艺质量偏差，同时生产效率大幅提高。

国网重庆电力工厂化装配基地

国网重庆电力国网重庆电力配电网工厂化运作模式

国网重庆电力数控一体式工厂化预制设备

国网重庆电力拉线制作平台

三、强化工程质量督巡检查

统筹经研院、电科院等支撑机构力量，按月开展专项督巡，形成"整改要求情况表"，不定期开展"回头看"检查，采取下达督导函、约谈等形式督促责任单位限期整改，检查整改情况纳入年度绩效评价。

第三篇

展望提升篇

　　深入贯彻落实国家创新驱动发展战略，充分发挥企业创新主体作用，瞄准配电网发展需求和企业实际问题，积极推广应用新技术、新设备、新工艺，助力电网和企业高质量发展，为全面实现配电网技术升级，为打造可靠性高、互动友好、经济高效的一流现代化配电网提供有力支撑。

新　技　术

1　工　厂　化　预　制

一、技术简介

工厂化预制是在执行典设的基础上，将传统施工中现场制作的工作内容提前在加

工厂化预制平台

工车间完成，以有效解决工艺不标准、工作强度大、施工周期长等问题，是"三能三不"（即能在地面做的不在高空做、能在车间做的不在现场做、能提前做好的不在施工时做）工作理念逐步发展提升的创新成果。工厂化预制的应用，实现了工艺标准统一、施工建设质量一模一样的工艺要求，缩短现场施工时间，提高施工工艺标准水平和一线工作人员工作效率，全面提升了配电网建设整体水平。

二、应用转化

高低压引接线、接地引上线扁钢等 5 种预制产品进行细化，同时结合《典设》要求、

外形尺寸、建设用途等方面进行优化组合，创新推出预制、配送模式。工厂化成品在装配车间预制完成后，实行定点配送，实现了制、配、领、用一体化，缩短了物料传递链，规避了重复搬运环节，简化了进出库手续，实现预制产品制作应用全过程无缝衔接。

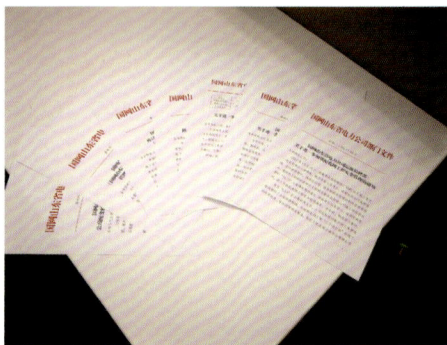

出台管理办法推广应用

1. 高低压引接线预制产品制作

高低压引接线预制产品制作流程主要包括切割导线、剥除绝缘、握弯整形、附件组装四个步骤，在车间内完成变压器高压引线、避雷器引线、柱上开关引线等设备连接线预制。

2. 接地引上线扁钢预制产品制作

接地引上线扁钢预制产品制作流程主要包括扁钢冲孔、平弯制作、集中喷涂三个步

骤，将传统施工现场的折弯、打孔、裁剪、喷漆等工序转入车间内提前制作完成。

3. 拉线预制产品制作

拉线预制产品制作流程主要包括钢绞线折弯、楔形线夹压紧以及金具、绝缘子组装三个步骤。拉线预制产品配送至现场后将拉线上端安装在电杆上，现场使用便携式拉线制作器安装 UT 型线夹，与拉线棒连接。

高低压引接线预制成品

接地引上线扁钢预制成品

拉线预制产品制作平台

标准化预制基础预制成品

4. 变压器低压出线预制产品制作

变压器低压出线预制主要包括导线截取、导线穿管、导线折弯、绝缘层剥离、端子压接、绝缘热缩管封装六个步骤，优化传统出线制作工艺，解决工艺不规范情况。

5. 标准化预制基础预制产品制作

利用标准化模具，在车间内提前批量完成设备基础、线杆防撞墩等标准化预制，集中进行浇筑、养护、防撞漆涂刷等工序，统一施工标准，从而充分解决现场制作养护期长，易受破坏等问题。

三、应用成效

工厂化预制应用后，大幅度降低了配电网高空作业工作量，缩短了作业时间、停电时间，现场无余料，实现了现场文明施工、安全施工。

传统施工方式建设 200kVA 配电台区平均需要 3～5 天，采用工厂化预制、专业化施工后，施工周期压缩至 1～2 天，客户满意率明显提高，工艺质量明显提升。在配电台区传统施工建设过程中，高低压引接线现场制作、安装需要 3 个多小时，应用工厂化预制后，只需将配送至现场的高低压引接线预制成品安装固定 12 处螺栓，仅用 15 分钟就可安全、规范、标准、高效地完成安装。山东省德州、聊城等 17 个地市利用工厂化预制成品建设台区 10800 余个，累计减少施工停电 30900 多小时，节约导线等耗材约 17%。

2016～2017 年，国网山东电力采用工厂化预制建设的"夏津左堤总表台区改造工程"等 13 项配电网工程获得国家电网公司百佳工程。工厂化预制应用，倡导创新创效，强化配电网标准化成果落地，实现工程质量整体提升，改造后的配电台区无低电压、跳闸现象的发生，夯实了农村电网，提高了供电质量，保障了配电网安全、经济、健康运行。

四、前景展望

工厂化预制是独具特色的施工新技术、新工艺的升华，是坚持"统一规划、统一标准、安全可靠、坚固耐用"的配电网建设原则的升级应用。全面提升了工程建设质量和工艺水平，线路架设、台架组装、表箱安装工艺美观；随着工厂化预制完善推进，可实现线路、台区建设"零停电"，建设效果与典设工程"零差距"，居民生活和工作"零影响"，推广前景广阔，是实现电网和环境和谐发展的捷径。

2 成套化配送

一、技术简介

成套化配送是在工厂化预制的基础上，将已经预装完成的各标准模块按照包装工艺流程进行成套化包装，实现专业化配送。

将一体化变压器台进行系统设计，整体运输，现场模块化安装，减少安装步骤，缩短施工时间。横担、抱箍、避雷器、跌落式熔断器等附件进行成套包装，附件及包装箱外壳印刷有唛头、物料信息等标识，进一步规范包装流程。定制专属物流，全程连线运输，可实时跟踪物资运输状态，获取运输地点，快捷安全。扫描变压器台的二维码可获得包括项目编码、项目名称、技术规范、制造单位、物料清单等在内的变压器台信息，实现产品质量可追溯。

二、应用转化

成套化配送分为包装、配送两个阶段。包装阶段，针对变压器台、预装金具、预制模块，以及跌落式熔断器、避雷器等易损物件的包装箱结构进行设计，规范成套包装。配送阶段，根据成套附件结构特点、运输条件设计包装箱体，实现高效、专业配送。下面就各阶段工作内容进行简述。

1. 包装阶段

在包装阶段，对工厂预制环节中已经完成预制的模块，进行以下专业设计。

（1）定置化摆放：对预装附件在包装箱内摆放位置进行设计，形成包装定置图，确保各附件规范化摆放。定置图可简化附件装箱流程，降低操作人员技术要求。参照该定置图，任何无相关操作经验人员均可正确摆放、固定各附件，并能迅速掌握装箱技术要点，便于该技术方案的推广实施。

（2）模块化组装：将台区各部件集零为整，进行拼接组合，形成模块化装配，将高压下引线模块、高压上引线模块、接地引线模块、一体化变压器台、接地扁钢模块及各类横担按照现场施工的逆向顺序进行装箱。

（3）逆序化装箱：各模块装箱顺序均按照现场施工顺序的逆向顺序摆放，可做到现场随用随取，避免各类物料混乱摆放，造成物料混杂、丢失等现象，可大幅提高现场施工效率。

（4）标签化明细：在横担及抱箍等附件上粘贴标签，标签信息主要由物料名称、用途、数量、规格型号等内容组成。装箱人员及施工人员可以清楚地看到各部件的详细信息，了解其基本情况，提高工作效率。

（5）专业化设计：所有设备、零部件均采用木质包装箱，具有良好的强度/重量比，内有各种防护措施，可承受运输过程中发生的冲击、震动、重压等，保证箱内设备安全。为提高避雷器、熔断器等易损物件的运输安全性，对其进行单独包装，精心设计包装箱结构。

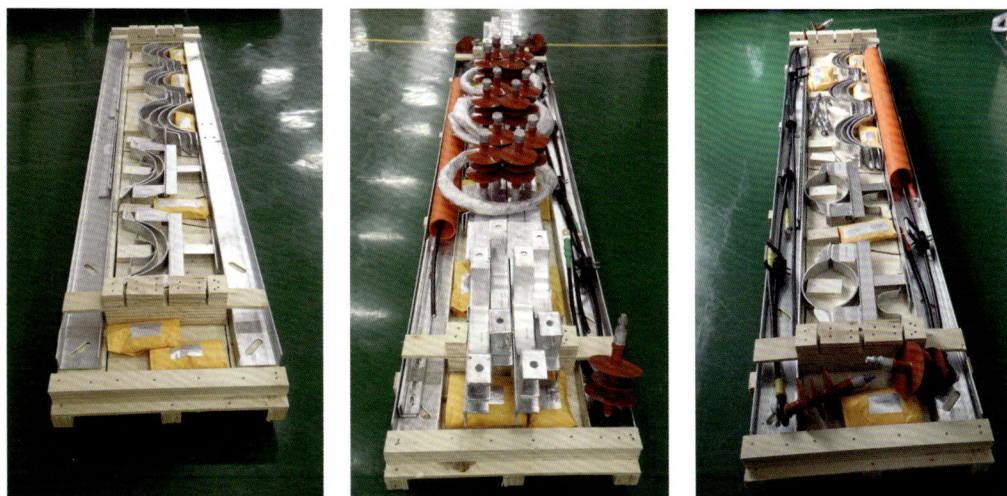

配电变台模块化装配

2. 配送阶段

为提高配送效率，短途运输时，可将一体化变台作为一个整体进行运输；长途运输时，可将一体化变台拆分为变压器与低压综合配电箱两部分，避免运输途中产生结构损伤。当物料装箱完毕后，利用定制专属物流，进行统一配送，实现全程连线运输。

配电变台跌落式熔断器固定装箱   模块化装箱运输

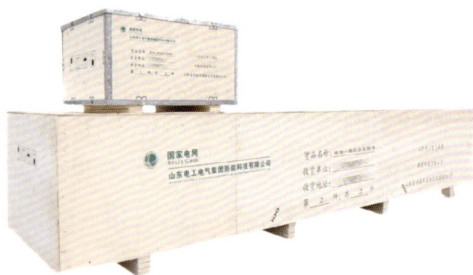

可利用 GPRS 或者手机定位软件，对物资运输过程进行管控，实现实时跟踪。确保制造商、施工方及业主可以及时了解到运输进度，大幅降低沟通和运输时间成本，提高整体工作效率。

三、应用成效

以纵向一体化柱上变压器台成套化配送为例：结合装配定置图，2 名员工可在 30 分钟内，完成附件装箱并进行打包配送，较之前的 4 名员工 2 个小时的装配过程，可缩短 7 人·工时。各部件模块化后，单个柱上变压器台的施工工具可由原先的 11 种减少为现在的 3 种，施工步骤由原先的 11 步减少为 7 步。现场施工过程中，由原先的 6 人×6 小时，缩短为 4 人×4 小时，一套柱上变压器台的施工时间可减少 20 人·工时。配送环节中，施工方和业主可以提前预计物资到达时间，且避免了因个别物料未到位引起的施工延迟问题。

成套化配送将现场施工时间前移至工厂制造环节中，大幅节约现场施工时间，提高整体工作效率，实现"安装便捷快速、工艺一模一样"的建设要求，确保实现早日供电。据统计，物资浪费情况降幅高达 90% 以上，施工时间较以往可减少约 38%，用户平均停电时间缩短近 50%。

四、前景展望

随着配电网建设的逐渐深入开展，配电网设备需求量逐渐增大，成套化配送是其中不可或缺的环节。变压器、各类金具等附件成套生产、预装预制、统一配送，减少运输批次、成本，实现精准服务。

- 成套生产：丰富各类部件仓储，避免部件短缺。
- 预装预制：严格工艺标准，统一规格型号。
- 统一配送：一次性成套配送，避免不同批次到达影响施工进度。
- 精准服务：实时查询配送进度，提供作业指导。

通过智能化配送的模式，还可引入二维码技术，对工厂化各流程进行信息化管控，确保管理流程高效运转，实施有序，责任清晰明确。开展配电网工程质量过程管控，将厂商、加工预制、试验、配送、施工、验收等过程记录在内，实现配电网物资全寿命周期管理，大大降低了运输时间成本，提高了整体的工作效率。

成套化配送的实施，可整体提升现场管理水平及供电公司的品牌形象，使施工更有序、操作更便捷、物料更清楚，文明施工、绿色施工、高效施工全面推进。

3　装配化施工

一、技术简介

"装配化施工"是在"工厂化预制"和"流水化作业"基础之上逐步提升的成果，即按施工环节将施工过程分为五个施工模块，细化每个模块工艺工序，将每个施工模块分解成多个安装模块，利用预制工厂将零散的材料加工为安装半成品，按照安装模块内容将到货材料组合成不同的安装组件，分装配送，固定施工人员，减少安装工序，缩短现场组装时间，提高配电网建设质效。

二、应用转化

在配电网工程建设中，一般存在立杆、架线、变台安装、标识完善和户表改造五个基本内容，过去采用材料齐备后现场安装制作，每个台区施工就需要数天，所有材料都在现场搭配，费时费力，效率低。由于施工人员素质参差不齐，标准不统一，质量难以把控。采用"装配化施工"后，细化了工艺标准，规范了施工现场，提升了工作效率，增强了工程质量，实现工程管理配成品一应俱全、工艺标准一清二楚、施工现场一干二净，工程质量一模一样，工作效率以一抵百，现场培训一目了然"六个一"。

（1）按照工程内容，将整个配网工程全过程划分为基础建设、导线架设（电缆敷设）、变台（设备）组装、标识规范、户表建设五个施工模块，细分每个模块工艺要点，做出培训资料，固定人员、强化培训、统一标准，让施工人员成为"工匠"。

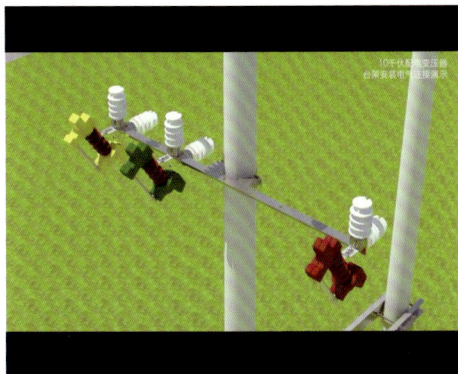

跌落式熔断器及横担安装示意　　架空线路耐张横担及绝缘子安装示意

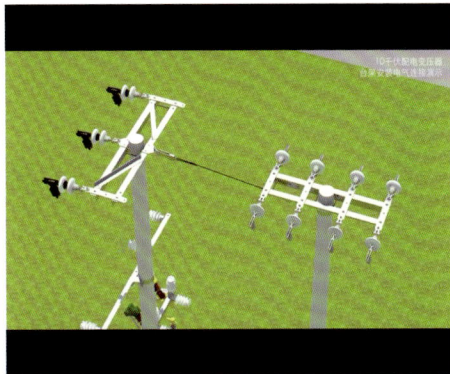

变压器和综合配电箱安装示意

配电变台成品展示

（2）根据施工工序，将配电网工程细分为基础、立杆、杆头铁附件安装、变台安装、线路（含电缆）架设、线路设备安装、标识完善和户表按照等八个工序模块，利用变压器引接线、接地扁钢、拉线制作、防撞墩预制、接地引线汇流管制作等平台，将零散的材料制作为六种半成品模块，施工人员按模块直接领取，台变配件领料时间从原来的 2 小时缩短至 20 分钟。

（3）做好材料到货分装工作，根据安装图纸，将不能工厂化预制的材料按杆型分为多种组装模块，在材料站将主材和辅材进行配套包装配送，将现场分装时间转移到材料站，提高现场装配效率。

（4）根据物资到货情况合理灵活制定施工计划，派遣不同施工模块安装人员进驻不同施工地点交叉作业，减少人员窝工情况，提高工程施工效率。

"装配化施工"方法根据物资到货情况，灵活调整施工模块安装人员进场施工，解决了配电网工程物资到货不及时影响工程进度的问题，同时，模块化材料配送和装配也使现场安装更简单，工艺质量统一标准，让作业过程更有条理，进度管控更有效，确保了各批次工程的按时完工。

三、应用成效

"装配化施工"的实施解决了以往由于材料到位不全、人员窝工、安装效率低下、材料现场匹配等因素所造成施工进度慢、停电次数多、供电可靠性差、优质服务压力大的问题。以 1km 线路架设为例，采用"装配化施工"材料比以往节省 5%以上，现场作业时间平均可节约 40%左右，优质工程率 100%。

采用"装配化施工"方法后，大幅度降低了现场作业工作量，缩短了作业时间，减少了现场施工人员，极大地减少了停电时间，取得了显著效果，达到了"两减少，两降低，两提高"的目的（减少施工停电时间、减少现场作业时间，降低作业安全风险、降低优质服务风险，提高供电可靠率、提高施工工艺水平）。

装配化施工完成台区展示

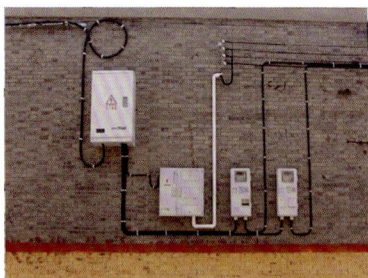

装配化施工完成户表改造展示

四、前景展望

今后配电网工程建设任务不断加大，质量标准持续提升，优质服务和现场安全压力不断增大，开拓和应用"装配化施工"方式可不断缩短现场作业时间，降低现场安装难度，提升工程质量工艺，实现建设工艺"一模一样"目标。"装配化施工"方法进一步完善推进，可实现配电网工程建设"零停电"，工程质量"零缺陷"，建设效果与典设工程"零差距"，居民生活和工作"零影响"的"四零"目标，适合大面积推广使用。

4 机械化作业

一、技术简介

"工欲善其事，必先利其器"。机械化作业是指通过应用多功能施工车、杆坑钻孔机、电缆沟开挖（回填）机等施工机具，实现机械代替人工作业，提供工作效率。

1. 多功能施工车

多功能施工车是集六项功能于一体的机械化作业机具，具备电杆和设备装卸运输、配电设备安装、高架平台作业、机械放线（回收）、现场拉线制作器和施工现场辅助功能。

多功能施工车

2. 杆坑钻孔机

杆坑钻孔机应用于电杆基础作业，配备精准调节钻头，可实现360°旋转精准定位，适用于常用12m及15m水泥杆直埋式基础。应用该车开挖面积小，便于在农村田地、胡同等狭窄区域地段开展钻孔作业。

3. 电缆沟开挖（回填）机

电缆沟开挖（回填）机使用四轮拖拉机作为动力源，采用链条带刮刀式开沟器，可实现宽度为 0.15～0.4m、深度 1.2～1.8m 的电缆沟槽开挖。另外，采用双向螺旋片旋转，可完成电缆沟回填作业。

杆坑钻孔机

电缆沟开挖（回填）机

二、成效及应用转化

在配电网工程施工中，三类机具能够在工程各个工序充分发挥机械化作业的优势，有着便捷、快速、高效的性能，节省人力、物力、财力，提高施工效率，有力推进配电网工程建设。使用范围覆盖山东、河南、安徽等地域，现已推广应用 700 余台，取得良好的成效。

多功能施工车的应用，在物资二次运输方面单项工程可减少运输时间 3 天；在导线架设方面，施工时间每千米由 2.5 小时减少至 1 小时；在台架组立方面，单个台架施工时间由 6 小时减少至 2.5 小时（结合工厂化预制可减少至 20 分钟）。杆坑钻孔机的应用，在基础开挖方面，单个电杆基础施工时间由 15 分钟减少至 3 分钟。电缆沟开挖（回填）机的应用，电缆敷设施工时间由 3 小时减少至 0.5 小时。

三类创新施工机具的应用，使得单项工程的作业人员由 12～16 人减少至 5～7 人，同时减少了传统施工方式电杆运输机、铲车、绞磨机、发电机、液压设备、斗臂车及小吊车的使用。创新机械化的施工方式，极大地减少了施工过程中在机械租赁、民事协调、青苗赔偿等方面的资金投入，建设成本较传统方式节约 30% 以上。

作业效率提升对比表

作 业 项 目	应用前	应用后
单项工程二次运输时间（天）	4	1
架设每千米导线（小时）	2.5	1
单个台架施工时间（小时）	6	2.5
单个电杆基础施工时间（分钟）	15	3
每千米电缆敷设时间（小时）	3	0.5

续表

作 业 项 目	应用前	应用后
单项工程作业人数（人）	12～16	5～7
施工机械使用数量（种）	8	4

三、典型示范工程案例

以机井通电工程为例：将工程分为物资运输、杆塔组立、导线架设、台架组立、电缆敷设、设备安装六道工序，采用传统施工机械和创新施工机械结合模式，实现全工序机械化作业。

（1）物资运输：采用多功能施工车进行电杆、设备、线盘及其他物资的二次运输，较传统方式减少了吊车、铲车、运杆车的使用。可将电杆逐基运送至杆坑位置，2 人用时 3 分钟即可完成电杆的装卸作业，灵活快捷。多功能施工车的铲车功能可将配电变压器、JP 柜送至作业现场，安全牢固。多功能施工车和放线架配套设施可将线材运至作业位置。该车可灵巧的穿越在乡间道路，运输时速 30～40km/h，并且体积小，通过性强，适用于村内巷道、农田小道等作业现场。

（2）杆塔组立：应用挖掘机、吊车及杆坑钻孔机进行杆塔组立工作。对于终端、转角、"T"接等耐张杆的组立，采用传统挖掘机开挖，安装底盘、卡盘后进行组立；对于直线杆，采用杆坑钻孔机钻孔，5 分钟即可完成单杆组立工作。

（3）导线架设：利用多功能施工车加装的绞磨、液压装置和配套托线盘，可实现机械化线材展放和同时两根紧线，便于导线弧垂观察，提高了施工工艺标准和施工效率；较传统作业方式，减少人力及机械成本。对于改造工程，还可采用旧导线带新导线的作业方式，将旧导线回收成盘，提高了回收导线的再利用率。

（4）台架组立：在台架组立工序中，1 台多功能施工车即可完成配电变压器台架的施工。应用多功能施工车将配电变压器、综合配电箱、工厂化配件等运至作业区，由工作人员由上到下将工厂化成品进行顺序安装。利用施工车的叉车功能，将配电变压器、综合配电箱托至标准高度，进行安装。施工车高架平台作业功能可辅助进行横担、避雷器、跌落式熔断器安装和引流线固定。作业平台上安装防高空坠落保护装置和工器具箱，便于施工人员的高空作业、减少登杆人员数量，提高了作业人员的安全系数。同时，可利用多功能施工车通用液压接口和交流电源进行线缆终端压接、接地连接点焊接等工作。施工车上拉线制作装置，可快速完成现场拉线的制作。

（5）电缆敷设：机井通电工程农田内的电缆敷设，应用电缆沟开挖（回填）机进行电缆沟道的开挖和回填工作。一人一机即可完成施工作业，该设备机动灵活、破坏性小，作业速度快，每小时可开挖、回填电缆沟 300m。

（6）设备安装：首先应用人工或挖掘机进行设备基础坑开挖，然后应用多功能施工车的小吊车功能将预制设备基础、电缆分支箱或计量箱起吊，由施工人员扶正进行安装接线，可减少吊车的使用和成本支出。

四、前景展望

面对日益增加的配电网工程建设，应用机械化作业是提质增效的有效手段。多功能施工车可广泛应用于配电网工程建设；杆坑钻孔机主要应用于平原地区，可有效应对城区和乡镇道路地下管线设施复杂的情况；电缆沟开挖（回填）机更是机井通电工程实施利器。三类施工机具的推广应用，单项工程施工时间减少 60%，成本费用降低 30% 以上，助力配电网工程建设提质增效。

新 设 备

5 10kV 一体化柱上变压器台成套装置

10kV 一体化柱上变压器台成套装置是指将配电变压器和低压综合配电箱物理连接为一个单元。按结构形式分为纵向一体化柱上变压器台成套装置和横向一体化柱上变压器台成套装置。

10kV 纵向一体化柱上变压器台成套装置是指由变压器模块、预制式连接母线及通过悬挂方式垂直固定在变压器下方的低压配电模块组合为一体式结构的单元；低压侧采用封闭母线槽连接；断路器采用插拔式结构配合的母线系统技术，实现低压单元结构小型化与可维护。

纵向一体化柱上变压器台成套装置（红圈内为低压封闭母线）

10kV 横向一体化柱上变压器台成套装置是指由变压器模块及安装在变压器模块正前方的低压配电模块组合为一体式结构的单元，两模块之间横向集成，底框水平固定；配电变压器高压侧套管采用户外型、全绝缘的电缆终端附件，可插拔结构，实现避雷器与终端连接的耦合集成；低压侧铜排直接，预装在一体化成套设备内。

二、应用展示

1. 应用范围

10kV 纵向一体化柱上变压器台成套装置适用于人口密度较小、线路走廊交通流量不大的供电区域。

10kV 横向一体化柱上变压器台成套装置适用于经济条件较好、人口密度较大、走廊紧张且交通流量较大的供电区域。

2. 应用实例

纵向一体化柱上变压器台与常规 10kV 配电台区建设方式及运行差异不大，有利于现场安装、运维人员开展工作；采用封闭母线槽模块连接，使低压部分实现工程化预制和试验等。距离较近、交通便利的施工现场可作为整体运输，现场直接吊装即可，施工周期短；距离较远、交通不太便利的施工现场，可采用配电变压器与低压配电模块分别包装运输的方式，现场安装调试的工作量相对常规台区有一定幅度的降低。

横向一体化柱上变压器台成套装置结构紧凑、运输方便、外观设计简洁；为降低配电变压器的发热对低压设备及保护控制设备造成的影响，在低压配电模块与配电变压器留有散热缝隙；现场安装调试的工作量相对常规 10kV 柱上变压器台有较大幅度降低。

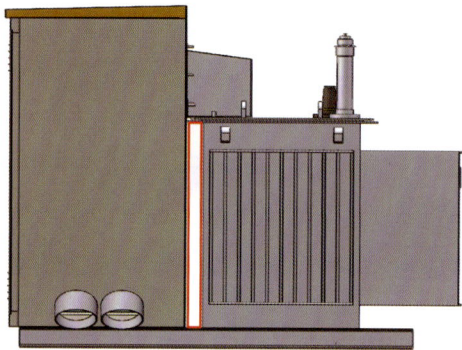

横向一体化柱上变压器台成套装置

三、前景展望

目前，公司供电范围内公用配电柱上变压器台共有约 400 万台，2016 年柱上变压器台需求量约 30 万台，按照约 10%~20%采用一体化变压器台建设模式进行估算，国家电网公司系统的市场需求约 3 万~6 万台，前景广阔。

10kV 一体化柱上变压器台成套装置具有一体化设计、工厂预制、模块化、标准化等技术特点，能够实现现场快速安装，工艺标准一模一样，大幅度减小劳动强度，有效提升柱上变压器台的标准化、集成化和智能化水平，在提高配电网工程建设质量、工作效率及供电可靠性等方面具有重要促进作用。

6 12kV 标准化定制手车式开关柜

一、设备简介

根据产品运行经验，选取可靠性较高的中置式手车开关柜，在 KYN28 型柜体的基础上，对 12kV 手车式开关柜进行标准化设计，在满足配电网设备需要的基础上兼顾了变电站中配电设备的要求。研究提出涵盖国网系统各种功能使用要求的 12kV 开关柜典型结构方案，给出了一次接口及土建接口、二次接口、关键元件、特殊机械联闭锁等参数及要求，完成了全套开关柜结构图、二次原理图，满足不同厂家设备在一定范围和一定时期的通用互换使用，提升设备运维便利性。

二、应用展示

12kV 标准化定制手车式开关柜按照额定电流、额定短路开断电流分为 630A/20kA、1250A/25kA、1250A/31.5kA、2500A/31.5kA、3150A/40kA、4000A/40kA 六个参数序列，按照功能分为架空进线柜、电缆进线柜、电缆出线柜、分段柜、隔离柜、TV 柜、所用变柜。给出了各结构方案及柜内元件布置，规定了柜体材料及厚度，按照不同额定电流参数规定了母排规格，给出了开关柜外形尺寸，规定了母线位置、小母线、接地排及接地排孔、二次过线孔、拼柜孔等通用一次接口位置及尺寸，规定了观察窗、门结构及尺寸、门锁结构、指示牌等柜面布置，统一了柜体与转运车接口及眉头、门板颜色，规定了电缆过线孔、基础槽钢、电缆孔、电缆连接端子等土建接口位置及尺寸，规定了柜内二次端子排及原理图、操作电源、风机控制方式、仪表门板布置、二次导线规格、连接片、二次线固定型式等二次接口，明确了活门、风机、加热器和温湿度控制器、开关状态显示仪、照明灯、电流互感器、电压互感器等关键元件外形及要求，并根据调研结果，将接地开关挂锁功能 11 类特殊机械

现场并柜效果图

联闭锁作为开关柜的标准配置。该成果可便于产品在运行过程中发生故障或抽检发现某企业产品存在质量问题时，可随时更换其他企业的合格产品。基于此，已组织不同厂家按照标准化设计定制方案要求研制 1250A/31.5kA 电缆出线柜、4000A/40kA 架空进线柜或隔离柜、分段柜样机，在现场随机进行模拟并柜，并随机抽取一面柜体与另外厂家相同规格产品进行互换，满足设计及使用要求。

三、前景展望

该成果在满足配电网设备需要的基础上兼顾了变电站中配电设备的要求，可应用于配电网工程和 220kV 及以下等级变电站，按照额定电流、额定短路开断电流分为 630A/20kA、1250A/25kA、1250A/31.5kA、2500A/31.5kA、3150A/40kA、4000A/40kA 六个参数序列。2017 年已在部分省公司示范应用，未来将逐步覆盖公司系统中 12kV 高压开关柜设备应用。

7　12kV 标准化定制环网柜

一、设备简介

12kV 标准化定制环网柜兼顾了目前及未来市场 12kV 环网开关设备种类需求及发展

趋势，绝缘方式包括空气绝缘、SF_6 气体绝缘、环保气体绝缘、固体绝缘、常压密封空气绝缘。对于不同绝缘方式，分别研究提出涵盖国网系统各种功能使用要求的环网柜典型结构方案，给出了分箱型、共箱型环网柜一次接口及土建接口、二次接口、关键元件等参数及要求，可实现不同厂家相同方案下单元柜的通用互换以及相同单元数环网箱的整体通用互换，方便基础土建工作的提前开展，大大提高了现场安装、操作、运维检修工作效率。同时结合了一二融合环网柜的发展趋势，兼顾了配电网自动化的要求。

二、应用展示

12kV 标准化定制环网柜额定电流 630A、额定短路开断电流 20kA，按照绝缘方式分为空气绝缘、SF_6 气体绝缘、环保气体绝缘、固体绝缘、常压密封空气绝缘，单元柜按照功能分为母线柜、负荷开关柜、断路器柜、组合电器柜、TV 柜、计量柜，并给出了环网箱中共箱型组合方案，给出了各结构方案及柜内元件布置。对于单元柜，统一了外形尺寸、柜体、门板、气箱材质及厚度，规定了主母线扩展方式、相间距、规格及位置、拼柜孔、一次电缆搭接高度、排列方式、固定位置、电缆孔尺寸及位置、接地排、接地排孔、二次走线孔、地脚开孔尺寸及位置等一次接口及土建接口。环网箱规定了统一的外形尺寸、开门空间、地基接口。规定了二次原理图及仪表室门板布置。同时，给出了推荐的防凝露、防腐、防尘措施。该成果可便于产品在运行过程中发生故障或抽检发现某企业产品存在质量问题时，可随时更换其他企业的合格产品。

共箱型环网柜

环网箱

三、前景展望

12kV 标准化定制环网柜可应用于 12kV 电缆网的分接、分段和多电源点联络，适用于城市地下电缆或电缆和架空线混合网环网及辐射式电网的进出线控制和连接，可实现环网供电和辐射供电。还可以用于高速铁路、风力发电站、小型工厂、轻型采矿设备、地铁与隧道等，商业中心、购物中心、酒店、办公楼等，还可以安装与紧凑型箱式变电站中。结合开关设备行业内发展趋势及国家能源政策导向要求，高可靠性、环保型、标准化通用互换的环网开关设备必将能在未来配电网自动化建设的大潮中大显身手。

8 12kV 标准化定制箱式变电站

一、设备简介

在电力系统中，箱式变电站起着承上启下的作用。对于一些特定场所，使用箱式变电站比传统变电站更加方便。箱式变电站因其独特的结构和特点也被广泛应用于电网改造工程中，并发挥了非常重要的作用。

二、应用展示

12kV 标准化定制箱式变电站包括标准型、紧凑型以及替代型三种。其中标准型按照功能可分为环网型、终端型，统一了典型结构方案、外形及土建尺寸、变压器的额定容量及形式、高/低压隔室布置、高/低压侧的进出线回路数、低压侧元件的安装方式、主母线规格、计量方式、无功补偿容量、自动化终端类型及安装方式、压力释放通道方向、箱体材料、箱体外壳温升级别、通风散热方式、外壳防护等级、整体起吊方式等，并给出了推荐的箱式变电站外壳防凝露、防腐、防尘、隔热措施。紧凑型主要用于狭窄街道等安装施工场地空间受限的区域，该方案在满足整体可靠性的基础上，优化元件布置及选型，在常规型的基础上，删除低压侧主进开关、低压侧出线隔离开关，并减少低压侧出线路数、补偿电容器路数及补偿容量。考虑到近年美式箱式变电站多次出现运行故障及缺陷，运行于城市环境中存在安全隐患，且通过现有技术短时间内无法解决，提出了替代型箱式变电站方案，替代在运不同容量的 12kV 美式箱式变电站设备。该方案取消低压主进开关和出线隔离开关，高/低压电缆孔位置满足《配电网工程典型设计 10kV 配电站房分册（2016 版）》中的要求，兼容现有不同容量的 12kV 美式箱式变电站土建基础，方便替换。

该成果可便于箱式变电站的整体通用互换，如设备在现场出现问题后，可通过整体起吊方便直接更换其他厂家设备，同时，标准化定制的各项参数并未限制各制造厂商对

金属外壳箱式变电站

非金属外壳箱式变电站

各自设备内部结构的差异化设计，在保证设备通用互换的同时，也保证了各厂家对各自产品特点的保持和对新型应用技术的不断探索、研发。

三、前景展望

12kV 标准化定制箱式变电站，已向市场提供几十余台产品，经过一段时间运行状况良好，对城市现代化建设做出了贡献。展望未来，12kV 标准化定制箱式变电站的推进可以合理整合资源，实现批量化生产，提高产品质量，为国家电网公司管理机制的有效运行提供了保障。12kV 标准化定制箱式变电站占地面积小、供电可靠性高、运行维护方便，被广大电力用户认可使用，为建立更完善的电力市场提供条件。

9 10kV 单杆小容量三相变压器配电变台

一、设备简介

针对各地配电网末端场景应用的特殊情况：城市线路走廊通道需配置变压器台区进行增容；偏僻海岛、山区变压器台区供电经济性差。

充分体现"标准统一、安装快捷、维护便利、经济高效、安全可靠"的目标，国网舟山公司试点应用"10kV 单杆小容量三相变压器台"产品。特色如下：

（1）体现"功能质量与成本"需求。实现追求最简和趋利避害，消除无用成本，优化隐形重复成本。

（2）体现创新性、先进性、适用性。模块化设计、多方案选择、一体化集成。

（3）变压器采用立体卷铁心结构。满足低噪声、抗突发短路能力以及高过载能力等功能特点。

（4）结构紧凑、占地面积小。布局紧凑美观、耐腐蚀，满足特殊场景的应用要求。

二、应用展示

10kV 单杆小容量三相变压器台共设 2 种方案安装方式：①变压器、低压综合配电箱均采用座装；②变压器和低压综合配电箱同侧上下挂装。

（1）方案一：10kV 侧采用架空绝缘线引下，熔断器低装，变压器和低压综合配电箱水平对侧安装，变压器、低压综合配电箱均采用座装。

方案特点：配电变压器可以使用传统变压器，也可以使用立体卷变压器。跌落式熔断器通过支撑扁铁挑出，便于操作，但美观度较差。

适用范围：对美观度要求不高的农村地区，或者需要消化小容量三相五柱式常规配电变压器库存的情况。

（2）方案二：10kV 侧采用绝缘导线引下，熔断器高装，变压器（立体卷铁芯）和低压综合配电箱同侧上下安装，变压器、低压综合配电箱均采用挂装。

方案特点：只能使用立体卷变压器。采用电缆引下线，跌落式熔断器高装，整体比较简洁美观，但是登杆操作不方便。

适用范围：对美观度要求较高，道路比较方便，适合登高车操作的城市地区。

"10kV 单杆小容量三相变压器台"在浙江舟山地区进行了工程应用展示，目前运行状态良好。

单杆小容量变台方案一　　　　　　　　单杆小容量变台方案二

三、前景展望

在城市的城乡结合区域，房屋建筑密集，线路廊道资源紧张，采用美变、欧变、龙门杆等落地政策处理难度很大，实施困难。这些区域线路的明显特点就是普遍使用架空线路供电，如果能够利用现成的电杆进行单杆配电变压器供电，就能极大地解决配电变压器增容问题。因此，10kV 单杆小容量三相变压器台的应用前景是显而易见的。

在我国海岛、丘陵、山区等区域，30～100kVA 的小容量变压器是有很大的应用需求。对于这些小容量变压器，如果采用龙门杆布置形式，相对来说经济性不是很好。特别是一些地理环境恶劣、村内高低崎岖不平的丘陵山地区，供电半径小，而配供电容量亦很小（不大于 50kVA）。可见这些区域，对 10kV 单杆小容量三相变压器台的需求也比较强烈。

10　标准化定制低压开关柜

一、设备简介

本设备依据《配电设备标准化工作方案》相关要求，遵循"安全可靠、坚固耐用、标准统一、通用互换、合理分级、广泛适用"的指导思想，具有以下特色：

（1）深入听取、广泛调研：通过问卷调查、集中研讨的方式，广泛收集各方意见。

（2）统一标准、精简分类：打破传统思维，总结各类柜型特点和先进理念，精简柜型，统一规格，实现通用互换要求。

（3）先进引领，差异兼顾：遵循"推广先进，淘汰落后"的原则，同时，考虑地区差异化配置原则。

（4）适度超前、一步到位：适度超前设计，以适应配电网未来的升级改造需求，避免频繁升级改造。

（5）简化运维、提升效率：优化细节设计，方便运维人员巡视、操作，进一步提升工作效率。

二、应用展示

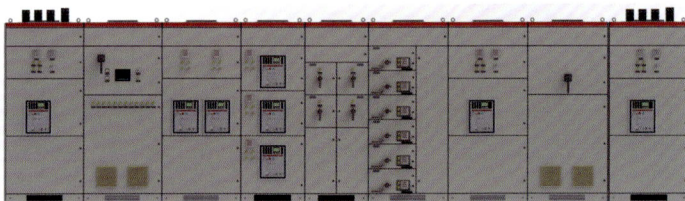

标准化定制低压开关柜

标准化定制低压开关柜的典型结构方案共计 4 大类 8 小类。其中 4 大类为进线柜、母联柜、馈线柜、无功补偿柜。8 小类为进线、母联柜各 1 类；馈线柜 4 类；无功补偿柜 2 类。

1. 一次接口及土建接口部分

（1）精简系统方案及配置要求，实现功能配置的统一。依据国网物料清单描述，常规的划分为 2500、2000、1600、1250、800A，本次标准化主母线额定电流规格精简为 1250、2000、2500A 三挡，并统一了与主母线电流相对应的短时耐受电流、主母线规格、零线规格及 PE 线规格，实现了系统的优化、功能配置的统一。

（2）实现柜体并柜的统一，满足互换性要求。实现所有柜体的拼接并柜，对柜体的各个方面进行了统一，不仅满足开关柜的互换性要求，而且整体布置美观、一致。

同时，考虑到不同地区差异化配置的原则，小型化开关柜宽度可调整，但深度、高度及并柜要求不变，以便通用互换。

（3）规范土建接口及一二次电缆接口。为方便现场施工与运维，规范了土建接口及安装位置，改变了施工现场需要柜架制造厂家提供尺寸来制作地基以及铺设槽钢的局面。

规范了一次电缆孔的孔径、形式、数量及安装位置，便于现场施工安装的同时，降低了电网投资成本。

2. 二次部分

为达到"统一标准，简化运检"的目的，对二次原理、二次接口、二次标识进行了标准化设计，统一了二次元器件位置、二次端子排代号及回路编号，并规范了铭牌材质及内容、仪表显示及通讯方式、二次导线规格、核相装置等，使现场人员在施工接线及运维操作中更安全、更高效。

3. 铭牌材质及内容

为运检方便、外形统一，规范了铭牌材质及内容。

4. 主要元器件部分

对元器件技术参数的选择作了规范化统一，实现功能性改进，满足当前需求，并为未来电网智能化管理预留接口。同时，提出了关键性部件的技术要求，推荐引入新型工艺。为保证产品的品质，提高抽屉部件的安全性、可靠性、互换性，对抽屉单元的一次插接件、二次插接件、绝缘件等关键部件作了要求。

三、前景展望

本设备将深化配电网标准化建设、提升配电设备标准化水平，统一低压柜外形尺寸，规范一/二次接口、土建接口，简化设备类型，提高运检便利性，满足不同供电区域的差异化需求。

1. 满足安全可靠的需求

设备已充分考虑设备实际运行情况、检修情况，将满足人身和设备安全可靠的要求。

2. 满足坚固耐用的需求

充分考虑设备运输、安装、检修、操作情况，确保设备整体的坚固性及耐用性，并规范设备内部关键件的参数性能，从而保证可靠性及使用寿命。

3. 满足标准统一的需求

以实际运维情况为基础，结合各省公司的运维条件，统一设计标准，实现技术方案、安装方案、并柜方案及远景方案的统一。

4. 满足通用互换的需求

以实际运维需求为依据，对技术方案、单元模块、关键元部件进行规范，对关键性参数进行规范，将使设备、单元、模块、元件等达到通用互换的目的。

5. 满足合理分级的需求

根据各省公司实际需要，结合远景规划，对系统进行合理分级，将满足各种情况的需要。

6. 满足广泛应用的需求

结合实际运维情况，充分考虑技术方案的广泛应用性、设备参数的广泛应用性及关键部件的广泛应用性，将使设备适用范围更广。

新　材　料

11　10kV 绝 缘 横 担

一、特色简介

配电网与用户直接相连，是电能传输过程中的重要载体，是关系国民经济和社会发展的重要公共基础设施。配电网节点多、延伸广、少有专用线路走廊、变动性大，具有差异化设计需求。国家能源局 2015 年在印发电网建设改造行动计划的通知中提到，"要实现配电网装备水平升级、提高城镇地区架空线路绝缘化率"。

而绝缘导线在遭受感应雷击时，故障点工频续流后易引发断线，采用复合绝缘横担提高防雷水平是解决配电网雷击跳闸的有效措施。根据理论分析，当复合绝缘横担的耐雷水平达到 350kV 时，可防止 95% 以上的感应雷故障。因此，需要通过采用合适的复合绝缘横担结构和材料来提升耐雷水平。此外，复合绝缘横担还具有重量轻、机电性能优异和耐腐蚀性能好等优点。

二、应用展示

根据现有的绝缘横担国内外的调研情况，可将绝缘横担的典型结构形式分为两大类：①绝缘横担+复合绝缘子——绝缘横担表面不做处理，横担两端配以复合绝缘子；②绝缘横担+表面处理——绝缘横担表面进行处理，边相不额外添加复合绝缘子。

1. 绝缘横担+复合绝缘子

绝缘横担配以复合绝缘子的结构形式主要是将原先的铁横担更改为绝缘横担。绝缘横担主要采用拉挤工艺使玻璃纤维与树脂材料一次成型，目前所选用的树脂体系为聚氨酯或者环氧。该类绝缘横担的典型结构如下图所示。在某试点工程中，改造配电线路全线更换为绝缘导线，直线铁横担调换为绝缘横担（均为 1/2 直线杆），耐张横担保留铁横

1/2 型线路直线杆单绝缘横担

1/2 型线路直线杆双绝缘横担

柱上变压器绝缘横担

进线端绝缘横担

担，但原来的 10kV 用耐张绝缘子及档线绝缘子调换为 35kV 耐张绝缘子，并对所有设备加装大通流量的避雷器，且配备计数器。

2. 绝缘横担+表面处理

相比于结构形式一，绝缘横担进行表面处理后可以取消边相的两根复合绝缘子，通常采用硅橡胶材料对绝缘横担本体进行包裹，硅橡胶材料相比环氧材料等具有更优异的耐候性。绝缘横担为实心拉挤成型芯棒，表面硅橡胶伞裙及护套一次性注射成型，端部金具浇筑于芯棒两端。下图为绝缘横担结构形式二在现场的应用情况。

直线杆用带护套绝缘横担

分支引下线用带护套绝缘横担

三、前景展望

10kV 配电网复合绝缘横担自 2015 年开始试点使用，2016 年扩大试点范围至 20 余家省（直辖市）电力公司，据各试点单位反馈，目前运行情况良好。绝缘横担可有效降低配电网绝缘导线由感应雷击引发的断线故障，具有良好的应用前景。

12 低压复合绝缘横担

一、特色简介

低压接户线架设传统工艺是用角铁横担作为支撑，横担上安装碟式绝缘子，利用绑线将导线绑扎在绝缘子上，此传统工艺使用的角铁横担易锈蚀、瓷件容易破裂、材料成本高、施工费时、费力，且占用空间大，易发生农用机械挂断导线、破坏横担的事件，影响百姓生产、生活安全，供电设施安全存在隐患。针对以上问题研发的低压复合绝缘横担，是一种轻巧绝缘、耐腐质硬、抗拉安全、安装固定方便的新技术、新材料产品，它的应用实现了"三个节约一半"，综合成本节约一半，施工时间节约一半，安装空间节约一半。

二、应用展示

低压复合绝缘横担安装展示

（1）综合成本"节约一半"。原有角铁横担（附件另加碟式绝缘子、绝缘子固定螺栓、螺丝、绑线等）合计成本约 73 元，而低压复合绝缘横担采用不饱和聚酯玻璃纤维材料，通过拉挤成型工艺设备一次性制作成型，绝缘性能良好，省去以上附件材料，合计成本约 40 元，节约成本近一半。

（2）安装空间"节约一半"。以 6 孔横担为例，传统材料（角铁）横担主体长度 75cm，复合绝缘横担仅 30cm，且底座采用 T 字型结构，安装牢固，占用客户墙体面积小，节约安装空间一半。

（3）施工时间"节约一半"。每条横担安装时间由 45 分钟缩短至 17 分钟，施工人员由 4 人减少至 2 人，在国网山东电力低压台区建设改造过程中广泛推广应用，累计节约施工停电时间 2520 小时，相当于增供电量 106 万 kWh。

三、前景展望

低压复合绝缘横担以安装便捷，绝缘性高，适用性强，广泛应用于低压配电台区，施工过程中大大减少了台区停电时间，有效提高了辖区内供电可靠率和线路设备运行水平。

自 2016 年在国网山东电力推广应用，各地市单位反馈，运行情况良好，具有良好的应用前景。

13　复合材料电杆

一、特色简介

随着现代社会及工业发展对供电可靠性、电能质量要求的日益提高，对电力行业提出了更加严峻的考验。杆塔是架空线路中最重要的支撑结构，传统的输电线路杆塔主要有木质杆、钢筋混凝土杆、钢管杆和角铁塔等几类，这些杆塔结构普遍存在质量重、易腐烂、锈蚀等缺陷，而且施工运输和运行维护困难。当自然灾害来临（山体滑坡、泥石流、暴雨、暴雪等），发生倒塔、断杆事故时，往往受地形限制，大型运输车辆及施工机械无法直达事故现场，人力搬运需要大量人员，且亦存在极大难度和危险性，故很难在第一时间恢复供电。

复合材料电杆具有质量轻、强度高、耐腐蚀、绝缘性能好等特点，产品分为两种形式：

（1）整体式复合材料电杆。杆体总长分为 12、15m 两种规格，重量仅为 220kg 左右（12m 杆）。

（2）分段式复合材料电杆。杆体总长分为 12、15m 两种规格，杆体由两段（12m）或三段（15m）组装而成，单段杆体长度最长 6.5m，重量仅为 100kg 左右。

当发生电力事故，如遇大型机械无法直达事故现场时，可由人力直接搬运复合材料电杆至事故现场，实现快速恢复供电，大大减少停电给经济及人民群众日常生活所造成的损失。

二、应用展示

经过对配电网线路复合材料电杆应用调研统计，将复合材料电杆的型号分为四种规格，分别为 12、15m 整体式复合材料电杆及 12、15m 分段式复合材料电杆，每种规格的抢修杆都可配备有不同型号的复合绝缘横担，进一步提高整套复合材料电杆的绝缘化水平及组立效率。

复合材料电杆规格表（适用挡距 50～100m）

规格	导线	标准弯矩值	承载弯矩值	杆段 M1	杆段 M2	杆段 M3
12m 整体式复合材料电杆	LGJ-240	78kN·m	156kN·m	整杆		
15m 整体式复合材料电杆		98kN·m	196kN·m	整杆		

续表

规格	导线	标准弯矩值	承载弯矩值	杆段 M1	杆段 M2	杆段 M3
12m 分段式复合材料电杆	LGJ-240	78kN·m	156kN·m	6.5m	6.5m	—
15m 分段式复合材料电杆	LGJ-240	98kN·m	196kN·m	6.5m	6.5m	4m

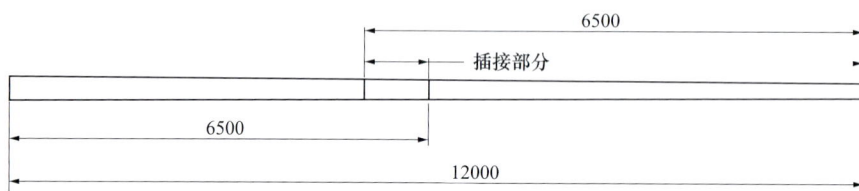

12m 分段式复合材料电杆示意图

沿海抗台风应用

沿海耐腐蚀应用

山区及交通不便地域应用

应急抢修应用

三、前景展望

配电网复合材料电杆自 2013 年开始试点应用，现已在广东、广西、山东、内蒙古、辽宁、河北、湖北等地完成组立试点，运行效果良好。与传统混凝土电杆相比，配电网复合材料电杆重量轻，强度高，仅使用小型机械和少量人力即可实现装卸运输，4～6 人即可进行无机械协助的现场搬运和安装，在大型车辆、机械设备难以进入，甚至徒步行走困难的山区、林区、沼泽地、田地等区域及电力抢修领域进行配电网工程施工时，重量仅为传统混凝土电杆 1/5 的复合材料电杆体现出极大的便捷性和经济性，有效提升配电网工程建设效率，保障线路运行稳定性。配电网复合材料电杆的诸多优异特点必将使其成为配电网事业中的必备产品，在未来配电网建设中发挥重要作用。

14　记忆合金智能垫片

一、特色简介

当前配电网线路接头大多采用螺栓连接，而螺栓连接部位通常使用常规普通垫片。环境、负荷等变化易使设备接头热胀冷缩产生蠕变，致使发生形变和松动，进而使得接触压力减小、接触电阻增大，导致接头发生过热现象，所以维持接头恒定接触压力是解决接头发热的有效措施。记忆合金智能垫片是用形状记忆合金功能性材料制作的蝶型垫片。产品具有独特的形状记忆功能，是集传感和执行于一体的智能垫片。该垫片安装后在正常情况下和普通垫片相同，如果接头发热，垫片会输出恢复力，降低接头接触电

记忆合金智能垫片

阻，有效缓解接头发热。此外，记忆合金智能垫片还具有无磁性、减振和耐腐蚀性能好等优点。

二、应用展示

1. 适用情况

（1）下列大荷载接线端子，经比较技术经济优势较大，可应用记忆合金智能垫片：

1）变压器、电容器、断路器、隔离开关、电抗器等接线端子。

2）各种并沟线夹、跳线线夹、耐张线夹、设备线夹、T 型线夹等。

（2）在盐雾浓度较大、工业大气污染较严重、平均相对湿度较高、平均相对温度较高的地区，记忆合金垫片应用具有较大技术经济价值。

（3）在昼夜温差较大，容易导致接头热胀冷缩产生松动的地区，使用记忆合金智能

垫片具有较大优势。

2. 应用部位

（1）变压器低压侧接触。变压器接头部位由于振动等原因，时常有松动现象，建议在接线板单侧使用记忆合金智能垫片。

（2）开关柜、配电箱接线端子。开关柜各类线缆接头基本上采用接线端子（铜鼻子）螺栓连接的形式，由于设备在运行状态中的振动、导线的拉力、安装施工等原因，经常出现螺栓松动的状况，此处建议采用记忆合金智能垫片对其进行主动性防护。

（3）输电线路和配电设备螺栓接头。由于记忆合金智能垫片具有无磁，耐腐蚀，高强度等特点，特别适合在户外输电线路和配电设备上使用，如耐张线夹、跳线线夹、并沟线夹、配电柜、接线端子等位置。

三、前景展望

记忆合金智能垫片自 2010 年开始试点应用，截至 2017 年底，产品使用数量超过 300000 多片，试点范围基

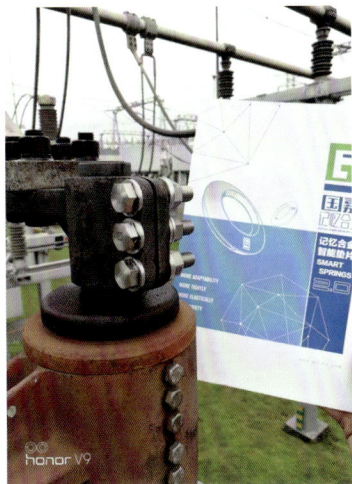

记忆合金智能垫片现场应用

本涵盖我国各省，无论是年平均温度和湿度较高的沿海地区（如广东省）及昼夜温差较大的西北地区，均反馈运行情况良好。记忆合金智能垫片可有效减少接头因接触压力减小引起的发热现象，降低接头温度，提高输电线路和变电站运行安全性，具有良好的应用前景。